청량산엔
인문이
흐르다

청량산엔 인문이 흐른다

초판 1쇄 발행   2014년 11월 20일

지은이   송의호
펴낸이   정명진
디자인   정다희
펴낸곳   도서출판 부글북스
등록번호   제300-2005-150호
등록일자   2005년 9월 2일

주소   서울시 노원구 공릉로63길 14, 101동 203호(하계동, 청구빌라)
              (139-872)
전화   02-948-7289
전자우편   00123korea@hanmail.net

ISBN   978-89-92307-89-5 03980

기자가 발로 길어올린 문학과 역사·철학

청량산엔
인문이
흐른다

'지자요수(知者樂水) 인자요산(仁者樂山).'

지혜로운 사람은 물을 좋아하고 어진 사람은 산을 좋아한다. 『논어』 '옹야' 편 21장에 나오는 공자의 말씀입니다. 왜 그럴까요? 이어지는 구절은 '지자동(知者動) 인자정(仁者靜) 지자락(知者樂) 인자수(仁者壽)'입니다. 어진 사람은 정적이고 그래서 오래 산다고 했습니다.

물보다 산을 좋아하는 사람들에게 보내는 최고의 찬사가 아닐까 합니다.

국토의 64%가 산이라는 우리나라에는 이름 난 산이 많습니다. 등산복 등을 파는 아웃도어 시장이 호황을 누릴 만큼 산을 오르는 사람도 참으로 많은 것 같습니다. 더불어 산을 다룬 책도 많이 나와 있습니다. 아쉬운 것은 산을 소재로 한 책이 대부분 자연이나 관광, 경제적 가치 등으로 접근한다는 점입니다. 그래서 우리 선조들이 산으로 들어가 글을 읽고 마음을 닦으며 사상을 정립하는 등의 측면은 책의 소재에서 상대적으로 소홀해진 것 같습니다. 산의 인문적 관점이라고 할 수 있겠지요. 특히 경북 봉화의 청량산은 소금강이라 일컬어지는 자연경관만 즐기면 또 다른 하나를 놓치고 만다는 생각입니다. 바로 인문적 가치입니다.

인문(人文)의 인은 사람입니다. 청량산과 관련 있는 첫째 인물은 퇴계 이황 선생입니다. 퇴계 선생은 열네 살에 청량산을 처음 찾은 이후 틈만 나면 들렀고 심지어 돌아가시기 직전에도 청량산에서 내려 온 권호문과 이야기를 나눕니다. 퇴계는 동료·제자들과 수시로 청량산을 찾아 책을 읽고 시를 짓고 강학 활동에 전념했습니다. 청량산을 소재로 한 시만 수십 편을 남겼습니다.

저는 그 이유가 궁금했습니다. 퇴계는 무슨 까닭으로 청량산을 그렇게 자주 찾고 그곳에서 학문과 인격을 도야한 것일까. 퇴계는 스스로 '청량산인'이란 호를 붙이기도 했습니다. 청량산 사람이라는 뜻입니다. 또 청량산을 아예 '오가산(吾家山)' 즉 우리 집 산이라고도 불렀습니다.

그 이후도 주목할 만합니다. 스승 퇴계가 세상을 떠나자 제자와 후학들은 청량산 순례를 시작합니다. 그때부터 청량산은 그냥 산이 아니라 퇴계의 자취가 남은 성지가 되다시피 합니다. 퇴계학파의 본산으로 자리잡아간 것입니다. 순례를 마치면 그 감회를 글로 적었습니다. 이른바 유산기(遊山記)입니다. 조선시대 선비·사대부의 문집에 나오는 유산기는 금강산이 가장 많습니다. 지리산이 다음이고 세 번째는 청량산입니다. 무려 100여 편입니다. 누구나 알아주는 금강산을 다녀온 유산기가 가장 많은 것은 이상할 게 없습니다. 하지만 도립공원에 지나지 않는 청량산이 유산기가 그렇게 많다는 건 분명 그 가치를 다시 생각하게 만드는 소재입니다.

자극을 준 또 한 사람은 김생입니다.

경주에 정착해 수묵으로 신라정신을 천착해온 박대성 화백은 최근 김생을 재조명했습니다. 김생은 1300년 전 인물입니다. 통일신라의 명필로 '해동의 왕희지'로 불립니다. 우리 서예 역사는 김생과 김정희 두 사람으로 압축할 수 있다는 평가가 나올 정도입니다. 박 화백은 2011년 김생 탄생 1300년을 맞아 특별전을 열었습니다.

청량산에는 꼭대기에 김생굴이 있습니다. 김생이 10년간 글씨 공부를 했다는 곳입니다. 단지 전해 오는 이야기로 끝나지 않습니다. 청량산 아래 태자사에는 고려 때 태자사낭공대사비가 세워졌는데 그 비석 글씨는 김생의 글씨를 집자한 것입니다. 비석은 지금 서울 국립중앙박물관에 있습니다. 박 화백은 청량산에서 수도하던 김생을 상상하며 청량산 아래 낙동강으로 검은 먹물이 흘러내리는 '묵강'을 그렸습니다.

김생은 하필이면 산속 바위굴을 찾아 글씨 공부를 했을까요. 궁금했습니다.

통일신라의 김생과 조선의 퇴계를 잇는 또다른 청량산의 주인은 고려 공민왕입니다. 청량산에는 공민왕당이 있고 다섯 마리 말이 끄는 수레가 다녔다는 오마도와 공민왕산성, 밀성대 등 흔적이 있습니다. 나아가 청량산 주변에는 지금도 공민왕과 노국공주 그리고 공민왕 어머니, 가족을 모시는 사당이 골골이 남아 있고 주민들은 지금도 동제를 지냅니다. 살아 있는 역사입니다.

이들뿐만이 아닙니다. 신라의 천재 최치원의 이야기도 전하고 조선시대 주세붕의 숱한 기록이 남아 있으며 가장 가까이는 '광야'의 민족시인 이육사의 발자취도 이 자락에 남아 있습니다. 숱한 인자와 지자가 청량산에서 글을 짓고 역사를 쓰고 사상과 학문을 가다듬은 것입니다. 그래서 청량산을 '인문의 산'으로 명명해 봅니다.

저는 그 실마리를 찾아 올해만 수십 차례 청량산을 들렀습니다. 그런 흔적을 찾는 것도 즐거웠지만 아직은 한적해서 자신을 돌아보고 무언가를 생각해 볼 수 있는 편안한 산이었습니다. 가까이 있으면서도 소중함을 잊고 지낸 공기 같은 산이라고나 할까요. 때가되면 청량산 아래 머무는 꿈도 꾸어 봅니다.

올해는 또 경상북도가 새 청사를 대구에서 안동으로 옮기는 원년입니다. 2014년은 경상도라는 이름이 붙여진 지 꼭 700년이 되는 해입니다. 바로 고려 공민왕의 아버지 충숙왕 때의 일입니다. 도청 이전은 '한국 정신문화의 수도'를 자임하는 안동 등 경북 북부지역의 문화를 다시 들여다보는 작은 계기이기도 합니다. 또 1544년 주세붕이 청량산에 올라 그 가치를 재발견한 이후 선인의 발걸음을 흉내 내 본 유산기이기도 합니다. 『논어』 '위정'편 11장에는

'온고이지신(溫故而知新) 가이위사의(可以爲師矣)'라는 말씀이 나옵니다. 옛것을 충분히 익힌 뒤 새로운 것을 알아야 스승이 될 수 있다고 하지 않았습니까.

이 과정에 많은 도움을 준 청량산 도립공원 관리사무소와 청량산박물관 정민호 학예사에게 고마움을 전합니다.

2014년 11월 대구 만촌재에서
송의호

3장 공민왕의 산

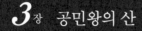

4장 주세붕의 산

1장
김생의 산

하나

낙동강으로 먹물이 흘러버리다

2011년 8월 경주를 찾았다. 보문단지에서 세 번째 열린 경주세계문화엑스포가 막을 올린 직후였다. 전시·공연 등 수많은 행사가 마련되었다. 그 가운데 꼭 한번 보고 싶은 전시는 경주타워 꼭대기에서 열린 박대성(朴大成·69) 화백의 '김생 특별전'이었다.

김생(金生·711~791)이라면 통일신라시대의 명필이다. 그런데 난데없이 그림 그리는 화백이 지금 하필이면 글씨를 쓴 김생을 들먹일까. 2011년은 그가 탄생한 지 1300년이 되는 해였다. 박대성 화백은 최근 수년 동안 김생에 온통 빠져 있었다. 먹으로 한국화의 맥을 이었다는 박 화백이 그림과 글씨가 다르지 않다는 이치를 깨달은 것이다.

김생 특별전을 기획한 예술의전당 서예박물관 이동국 큐레이터는 "글씨와 그림이 같은 데서 나왔다는 동양의 서화일체(書畫一體) 정신을 현대적으로 표현한 것"이라고 말했다. 듣고 보니 일리가 있다. 우리 선조들이 쓴 한자(漢字)가 사물의 모양을 본딴 상형문자(象形文字)가 아니

박대성 화백은 김생의 글씨를 모사한 작품전을 열었다.

던가. 그것도 사물의 핵심을 극도로 축약한 이미지이니 말이다.

박 화백이 도착해 함께 작품을 둘러봤다. 그는 김생의 글씨 2500여 자를 집자한 '태자사낭공대사백월서운탑비'(약칭 태자사비)를 수도 없이 옮겨 쓰고 작품마다 금강역사와 다보탑·석가탑 등 신라의 이미지를 한 화선지에 먹으로 조화시켰다. 그는 김생의 힘 있는 필체가 금강역사를 닮았다고 느꼈다.

박 화백은 서울에서 경주로 내려온 지 10년이 넘도록 신라만의 이미지를 그리고 있다. 또 신라를 재해석하는 박 화백의 붓 끝은 그림 이전에 글씨로 단련돼 왔다. 현대 서예가 중 김생의 글씨를 집자한 태자사비를 그대로 옮겨 쓴 이는 아무도 없었다. 박 화백의 글씨는 서예가의 글씨처럼 매끄럽지는 않았다. 삐뚤빼뚤한 글씨도 더러 있었다. 그는 "못 쓰면 어떠냐, 어디 한번 써보기나 해봐라"고 자신있게 외치는 듯했다. 전시장에는 김생을 현대적으로 재해석한 대작 10여 점이 걸려 있었다.

김생은 한국 서예에서 '해동서성(海東書聖)'으로 불린다. 서예의 성인(聖人)이라면 한국 서예가에 붙여진 최고의 존칭이다. 그는 우리 문화의 황금기인 통일신라시대 글씨 미학을 정립한 인물이다. 하지만 지금 김생은 우리에게 너무나도 생소하다. 이동국 큐레이터는 "개그맨 김샘은 알아도 김생은 모르겠다"는 관람객의 말에 땀이 났다고 고백할 정도다. 김생은 기껏해야 전설 속 인물 정도로 여겨지는 실정이다. 남아 전하는 글씨가 있지만 그동안 변변한 전시회 한 번 열리지 않았을 정도다. 김생에 대한 박 화백의 관심은 여기서 출발했다. 그는 "한국 서예는 물론 한국 정신문화의 정체성을 되찾는데 김생은 꼭 필요한 어른"이라고 규정한다.

김생이 글씨를 익히고 서법을 완성한 곳은 경북 봉화군 명호면 청량산으로 전해진다. 박 화백은 김생이 서법을 완성한 청량산 김생굴을 한 해에 한 번씩 꼭 찾는다고 했다. 김생이 청량산에서 글씨를 쓰고 또 쓰는 동안 청량산 옆을 지나는 낙동강 상류에는 검은 먹물이 늘 흘러내렸다고 한다. 하기야 그 정도의 노력없이 어찌 서성이 되었을까. 박 화백은 그때를 상상해 수묵으로 '청량산 묵강'을 그렸다. 박 화백은 "때가 되면 청량산에 들어가 김생과 대화를 나누며 수묵화법을 완성하고 싶다"고 했다.

그 말을 들으면서 문득 청량산을 좀더 자세히 알고 싶다는 생각이 들었다. 김생과 청량산이라-. '번쩍' 아이디어가 떠올랐다. '그래 잊힌 김생을 지금이라도 한번 깊숙이 들여다보자.' '청량산에 대해서는 또 얼마나 알고 있나?' 청량산은 김생이 터를 잡은 이후 최치원·공민왕·주세붕·이황 등 역사에 우뚝한 인물이 뜻을 세우고 나라를 지키려 열정을 다한 자리가 아니던가. 우리 정신문화의 성지로 손색이 없는 공간인데….

청량산 도립공원으로 들어가는 입구엔 사찰의 일주문처럼 기와를 입힌 커다란 솟을대문이 세워져 있다. '청량지문(淸凉之門)'이다. 서체는 김생의 글씨를 집자했다. 지금도 김생은 청량산 들머리에서 1300년의 시공을 넘어 손짓을 하고 있다.

청량산 입구 솟을대문에는 김생의 글씨를 집자한 '청량지문' 편액이 걸려 있다.

옮겨 쓴 불경만 수천 두루마리

권호문(權好文)은 퇴계(退溪) 이황(李滉)
의 제자이다. 그는 청량산을 둘러본 뒤 '유청량산록(遊淸凉山錄)'이
란 글을 남겼다. 여기에는 김생(金生)이 재산(才山)에서 태어나 청
량산 경일봉 아래에 있는 바위굴에서 글씨 공부를 해 일가를 이루
었다는 내용이 나온다. 재산은 현재 행정구역으로 봉화군 재산면
이다. 명호면에 자리잡은 청량산 입구에서 동북쪽에 위치한 지역
이다. 물론 김생이 재산에서 출생했다는 근거를 권호문이 명확히
밝혀둔 것은 아니다. 권호문은 아마도 청량산에 그의 흔적이 남아
있다는 사실을 염두에 두고 내려오는 전설에도 의지했을 가능성이
크다. 물론 그 자체가 역사적인 사실일 수도 있지만.

김생의 출생 이야기는 『삼국사기』에 가장 먼저 등장한다. 이 책
에는 "김생이 집안이 한미해 가계를 알 수 없다"고 적혀 있다. 이름
은 시사하는 바가 있다. 그의 성은 김씨요, 이름은 생으로 표기되어

있다. 청량산박물관 정민호 학예연구사는 "생은 이름이 아니라 다른 의미로 보인다"며 "그냥 존칭의 접미사일 수도 있다"고 해석한다. '생'은 '선생'이라는 단어에서 짐작할 수 있듯 존칭의 뜻을 내포한 접미사로 쓰였다는 것이다. 김생은 팔십 평생 붓을 놓지 않았다고 한다. 그래서 서성(書聖)에까지 올랐고, 존칭의 의미가 담긴 '생'으로 불리게 되었다는 추론이다.

위에는 김생이 머물던 옛날 바위굴이 있는데	上有金生古巖窟
불경을 베껴 쓴 것이 천여 축이나 되었다 하지	具書寫出千餘軸
굴 안쪽에서는 먹물이 흘러 벼루 위에 똑똑 떨어지고	嵌根流墨每滴硯
천제는 약을 내려 눈을 밝게 해 주었지	天帝降藥使明目
… 중략	

조선시대 전기 학자인 서거정(徐居正)이 편찬한 『동문선(東文選)』에는 청량산을 노래한 칠언고시 한 편이 실려 있다. 청량산에 관한 기록으로는 비교적 앞선 것이다. 위에 소개한 내용은 이 시의 일부분이다. 『동문선』 시는 본래 고려 때 쓰여졌다. 당시 정명국사 천인(天因 · 1205~1248)이 치원암 주지가 산중고사에 대한 시 한 수를 요청하자 화답한 시다. 이로 미뤄 김생이 살았던 시기와 그리 멀지 않은 고려 때도 김생의 청량산 수도설이 떠돌고 있었음을 짐작할 수 있다. 이 시는 김생이 암굴에서 글씨 쓰기에만 정진했음을 간접적으로 묘사하고 있다.

#셋

김생굴엔 단정한 붉은 해서체가

청량산에 봄이 오고 있다. 3월 15일 오전 10시 주차장에 차를 세우고 입석에서 응진전 방향으로 올랐다. 노란색, 붉은색 등 원색 등산복을 입은 중년들이 주말을 맞아 10여 명씩 산을 오른다. 입석 주차장은 빈 자리가 없을 정도다. 햇살은 제법 따스하다. 봄의 시작이다. 산길 양지는 겨우내 내린 눈이 녹아 질퍽하고 응달은 여전히 얼어 있다.

응진전을 지나 금탑봉 왼쪽 계곡을 따라 청량사가 한눈에 내려다보이는 어풍대를 지나면 길은 가팔라진다. 힘을 내 10분쯤 더 올라가면 깎아내린 듯한 10m 높이의 암벽에 다다른다. 김생굴이다. 여기서도 청량사가 내려다보인다. 갑자기 소리가 요란하다. 고드름이 녹아 덩어리째 떨어지기도 하고 이따금 녹은 물이 쏟아지기도 한다. 바람 소리도 곁들여진다. 절벽에 봄이 오는 소리다. 김생굴이 있는 절벽 꼭대기 오른쪽에는 여전히 고드름이 주렁주렁 매

김생굴 오른쪽에 있는 김생폭포.

달려 있다. 여름이면 폭포가 쏟아져 내리는 곳이다. 이름하여 김생폭포. 떨어지는 물은 밤에는 다시 절벽 아래 나뭇가지에 걸려 고드름이 된다. 나무는 잔뜩 고드름을 매달고 있다.

절벽 아래는 널찍한 반월형 김생굴이 있고 그 앞은 김생암 터다. 김생굴은 수십 명이 들어갈 수 있는 천연 암굴이다. 김생이 10

년에 걸친 공부와 수련 끝에 중국과 다른 해동의 독자적인 서법을 이루었다는 유서 깊은 공간이다. 후세 사람들은 그가 기암괴석으로 이루어진 청량산의 모습을 본떠 자신만의 독특한 글씨체를 확립했다고 평가한다. 암벽 가운데에 단정한 해서체 붉은 글씨와 동그라미가 새겨져 있다. 하나씩 옮겨 적었다.

김생굴 암벽에는 단정한 글씨가 새겨져 있다.

日月星位
○□山山王大聖之位
山川后位

세로로 석 줄이다. 단정한 서체가 범상치 않다. 이게 혹시 김생이 쓴 것은 아닐까. 이동국 큐레이터도 "알 수 없다"고 말했다. 내용으로 보아서는 민간신앙과 관계가 있는 것도 같고…. 아직은 풀지 못한 의문이다. 또 퇴계의 시에 등장하는 폭포수 암벽에 새겨진 김생의 글씨도 보이지 않는다. 김생굴 오른쪽에는 글씨를 쓰는 동안 붓을 씻었다는 세필정(洗筆井)이 있다.

김생굴 안에서 밖을 바라본 모습.

김생굴 앞에는 등산객이 하나씩 올린 작은 돌이 돌담처럼 옆으로 기다랗게 쌓여 있다. 서성 김생을 떠올리며 소원을 빈 것일까. 그 앞에서는 통일신라시대부터 조선시대에 걸친 것으로 조사된 기와와 토기 조각들이 나왔다. 김생암이라는 암자 터로 전해 내려온다.

오마도터널에는 길쌈하는 봉녀와 김생의 설화가 그려져 있다.

　　김생굴에는 청량봉녀(淸凉縫女)의 설화가 전해진다. 김생이 바
위굴에서 글씨 공부에 전념한 지 9년이 지난 어느 날이다. 그가 이
젠 글씨 쓰는 데는 통달했다며 자신감에 차 막 하산하려는데 청량
봉녀(淸凉縫女)라는 젊은 여인이 나타났다. 그러고는 당돌하게 내
기를 하자고 청한다. 둘은 굴속으로 들어가 불을 끄고 각각 길쌈과
글씨 솜씨를 겨루었다. 한참이 지나 불을 켠 뒤 결과를 확인하니
봉녀가 짠 천은 올 하나 흐트러짐 없이 가지런하게 짜였는데 김생
의 글씨는 여인의 천만큼 고르지 못했다. 봉녀는 웃으면서 "도령이
명필이 되셨다고 하더니 실력이 이 정도밖에 되지 않는군요" 하면

서 김생을 조롱하고는 홀연히 사라졌다. 김생은 다시 굴속으로 들어갔다. 자신의 부족함을 깨닫고 1년을 더 공부하고 10년을 채운 뒤 세상에 나와 명필이 되었다는 이야기다. 불을 끄고 떡국을 썰던 어머니와 글씨 솜씨를 겨뤘다는 한석봉의 이야기와 흡사하다.

또 바위를 종이 삼아 글씨를 연마했다는 이야기도 전해진다. 김생이 굴에서 넙적한 바위를 종이 삼아 거칠던 바위 표면까지 반들거릴 정도로 글씨 공부에 매진하고 있을 무렵 석가모니의 불제자를 자처하는 젊은 청년이 나타나 불경을 써 줄 것을 간청했다. 이에 김생은 마치 구슬을 배열하듯 정성껏 해서체로 불경을 필사했다는 이야기다.

퇴계 이황은 김생을 중국의 왕희지에 견주어 시를 지었다.

김생굴 입구에는 나무 조각에 적은 시 한편이 걸려 있다. 퇴계 이황이 김생을 기린 '김생굴' 칠언절구다.

종요나 왕희지 필법만을 추앙하지 말지어다	蒼籒鍾王古莫陳
천년 만에 우리나라에서 솟아난 이 몸일세	吾東千載挺生身
기이한 그 필법 폭포수 틈 바위에 남았으나	怪奇筆法留巖瀑
그의 뒤 따를 사람이 없음을 슬퍼하노라	咄咄應無歎逼人

2012년 청량산박물관이 펴낸 『국역 오가산지』에 실린 이 시의 역문은 좀 다르다.

전서와 해서 초서 예전에 끊겼다가
이 땅에 천 년만에 선생이 태어났지
기이한 글씨체가 바위에 남아 있어
기가 막혀 혀를 차며 탄식조차 나지 않네

크게 보면 같은 뜻이다. 창주(蒼籒)는 창힐(蒼頡)과 사주(史籒)가 만든 문자인 전서(篆書)를 가리킨다. 종왕(鍾王)은 위나라 종요(鍾繇)와 진나라 왕희지(王羲之)를 이른다. 종요는 해서(楷書)에 뛰어나 후세에 '종법(鍾法)'으로 일컬어졌고 왕희지는 해서·행서·초서에 모두 빼어나 '서성(書聖)'으로 불렸다.

청량산을 누구보다 좋아했던 퇴계는 청량산 '선배'인 김생을 중국의 서성 왕희지에 견준 것이다. 그러고 보면 퇴계의 단정한 해서체 글씨도 김생의 글씨와 무관해 보이지 않는다. 이날 김생굴에는 멀리 광주(光州)에서 젊은 등산객이 방문했다.

#넷
태자사비가 두 조각이 난 까닭

중국 지안(集安)에 서 있는 5세기 광개토대왕비는 무엇보다 비석에 담긴 내용 때문에 유명하다. 광개토대왕비는 당시 동아시아의 역학 구도며 고구려의 역사와 문물, 풍습을 생생히 담고 있다. 돌에 새긴 거대한 타임캡슐이다. 1996년 중국에서 광개토대왕비를 직접 마주했을 때의 감동은 지금도 아련히 남아 있다. 고구려의 빼어난 기록문화와 장대한 스케일의 일면을 보는 것 같아 통쾌하기까지 했다.

이에 비한다면 고려시대 남녘 땅에 세워진 태자사낭공대사백월서운탑비(약칭 태자사비)는 내용보다 글자의 서체에 더 의미를 부여할 수 있는 금석문일 것이다. 중국과는 다른 한국 서예의 정체성을 미학적으로 완성한 8세기 김생의 글씨를 집자했기 때문이다. 이 비석이 전하지 않았다면 김생은 한낱 전설 속 인물 정도에 머물렀을지 모른다.

이 비석은 수차례 옮겨지고 때로는 버려지다시피 하면서 용케도 남았다. 미술 교사 정규홍은 문헌과 신문 등에 비친 비석의 행로를 추적해『경북지역의 문화재 수난과 국외반출사』에 소개하고 있다. 김생의 글씨가 걸어 온 기구한 길을 따라가 보자.

비석은 이름에서 짐작할 수 있듯 본래 태자사에 세워져 있었다. 태자사는 그동안 정확한 위치가 알려지지 않았으나 1964년 신라 오악학술조사의 일환으로 절터 탐색이 시작되었다. 조사 결과 안동시 도산면 태자리의 한 폐사지가 이 절터로 추정됐다.

송지향이 1983년 정리한『안동향토지』에는 태자사 옛터를 이렇게 소개한다. 안동시 도산면 태자리는 봉화 땅인 상운면 신라리와 맞닿아 있는 아주 궁벽한 마을이다. 지금 태자분교 옆 수운정을 중심으로 대여섯 가구가 깃들어 있는 작은 마을이 옛날 태자사 자리다. 지금은 밭두렁이 되어 버린 석축과 낭공대사의 탑비 받침, 조각된 석재들이 남아 있어 절터임을 알 수 있을 뿐이다.

문헌에도 기록이 전한다.『신증동국여지승람』제25권에는 "태자사가 태자산에 있으며, 신라 병부시랑 최인연이 지은 승 낭공탑명과 고려 좌간의대부 김심언이 지은 승통진탑명이 있다"고 적고 있다. 또 이덕무의『청장관전서』에는 "봉화 태자산에 낭공대사백월서운탑비가 있는데 김생의 글씨를 집자한 것"이라고 나와 있다.

한때 안동 태자사 절터에서는 이수와 귀부가 발견됐다. 관계자들은 이게 혹시 태자사비의 이수와 귀부일지도 모른다며 기대에 부풀었으나 크기를 측정한 결과 태자사비와 서로 맞지 않았다고

태자사지에 남은 귀부와 이수. 태자사비와는 크기가 맞지 않았다

한다.

　안동에서 청량산으로 가다 보면 도산면 온혜리를 지나 태자리가 나온다. 흥미로운 것은 태자2리에서 태자1리로 넘어가는 도로 옆에 세워진 '염불선원 태자사'란 작은 이정표다.

　태자사라-. 태자사비가 있었던 그 태자사가 아직도 남아 있다는 말인가. 3월 22일. 태자사 이정표가 가리키는 대로 길을 들어섰다. 길은 자동차 한 대가 겨우 지날 수 있는 좁은 농로다. 10분쯤 들어가자 산 아래 작은 마을이 나타났다. 마을 주민이 "태자사는 저 끝"이라며 가장 높은 곳에 자리한 건물을 가리켰다. 민가를 절로 고치고 양봉 등을 하는 아주 작은 절이었다. 절과 관련이 있는 듯한 아주머니가 양봉 일을 하다 말고 뒷산에서 내려와 "우리는 오래된 태자사가 아니다"며 손을 내저었다. 우연히 이름만 같은 태자사였다. 재 너머에 오래된 태자사가 있다는 말은 들었다고 일러 준다.

태자사비가 있었던 오래된 태자사는 멀지 않은 태자2리에 있다. 그곳에는 태자사지 흔적이 남아 있고 귀부와 이수가 얹힌 거북바위가 전한다. 귀부와 이수는 1985년 경상북도 문화재자료 제68호로 지정됐다. 안내문에는 이렇게 적혀 있다.

> 이 석조물은 신라말 왕사인 낭공대사의 백월서운탑비의 귀부와
> 이수로 전해지고 있으나 확실한 제작 연대는 알 수 없다. 비신은
> 이곳에서 없어진 지 오래 되었으나 경복궁 인정전 좌측 행랑에
> 있다가 현재 국립중앙박물관 지하 수장고에 보관 중인 백월서운
> 탑비라는 설이 있다. 그러나 귀부는 상면 비좌의 크기가 백월서
> 운탑비의 크기와 달라 서로 관련이 없는 것으로 밝혀졌다.

설명문이 거북바위가 태자사비의 것이 아니라고 밝히면서도 태자사비를 언급하는 것은 얼마 전까지도 그 관련성을 추측했기 때문이다. 설명문이 최근에 고쳐진 것이다. 거북바위는 아마도 태자사에 있었다는 또다른 비석인 통진탑비(通眞塔碑)의 이수와 귀부일 가능성이 있다.

그렇다면 태자사비에 등장하는 주인공인 낭공대사란 대체 누구일까. 법명은 행적이고 속성은 최씨다. 낭공대사는 870년(경문

왕11년) 중국으로 유학을 떠났다. 885년(헌강왕11년) 고국에 돌아와 남산 실제사와 영일 석남사에 주석하다가 916년 입적한다. 왕은 낭공대사라는 시호를 내리고 탑명을 백월서운지탑이라 하였다. 비문은 최인연이 짓고 글씨는 낭공대사의 문인인 단목 스님이 김생의 글씨를 집자한 것으로 되어 있다.

여기서 한 가지. 집자비는 우리나라는 물론 중국에서도 유례가 드물다. 비석은 후삼국시대 혼란기를 거쳐 954년(고려 광종5년)에 세워졌다. 무슨 까닭인지 태자사는 일찍이 폐허가 돼 버렸다. 사찰에 세워진 낭공대사의 탑비도 버려졌다. 비석은 그로부터 500년이 지나 인근 영주로 옮겨지는 운명을 맞는다. 1509년 영천군수 이항과 권현손이 이를 안타까이 여겨 영주군 영주면 휴천리로 비를 옮겨 세우고 측면에 그 까닭을 새겼다. 영천은 영주의 옛 지명이다. 내용은 아래와 같다.

내가 젊었을 때 『비해당집고첩(匪懈堂集古帖)』에서 김생의 필적을 본 적이 있다. 용이 날고 호랑이가 누운 듯한 형세를 사랑하였으나 세상에 전하는 게 많지 못한 것을 한스럽게 여겼다. 그러다가 영천군수로 와서 이웃 봉화현에 어떤 비가 홀로 옛 절터에 남아 있는데 그게 김생의 글씨라는 말을 들었다. 나는 세상에 드문 보배가 풀숲에 매몰돼 보존할 사람이 없이 들판의 소가 들이받고 목동들이 부싯돌로 사용할까 염려되었다. 드디어 고을 사람 전 참봉 권현손과 함께 비를 옮겨 자민루 아래에 안치하고 난간을 둘러치고 자물쇠를 단단히 잠그고는 탁본하는 사람이 아니면 출입하지 못하게 했다. 함부로 건드리는 사람이 있을까 두려워서였다. 이때부터 김생의 필적이 널리 전해져 호사가들이 앞을 다투어 감상했다. 아! 1100년 동안 으슥한 골짜기에 버려진 돌이 하루아침에 큰 집에 들려 들어와 세상의 보배가 되었으니 대저 물건이 나타나고 숨는 것도 또한 운수가 있는 것인가 보다!

옮겨온 비석은 200년쯤 지나 불행히도 다시 관심에서 멀어지는 신세가 된다. 홍양호(1724~1802)의 『이계집』에 그 무렵 비의 관리 상태가 자세히 묘사돼 있다.

…내가 경주에 있을 때 매부 김형태가 영천군수가 되어 영천으로 가 백월비를 찾았더니 황폐한 곳에 버려져 절반은 땅에 묻혀 있었다. 급히 사람을 시켜 관사 앞으로 옮기고 술로 닦았더니 아직 글자를 알 만했다. 곧바로 수십 벌을 탁본해 세상에 알리고 주인에게 부탁해 목갑으로 싸 비바람을 막게 했다.

오랫동안 영주 땅에 있던 비석은 1917년 다시 발견돼 이듬해인 1918년 조선총독부박물관으로 옮겨져 경복궁 근정전 회랑에 자리잡게 되었다. 비석은 이미 두 조각이 난 상태였다. 당시 비석이 발견된 뒤 아유카이 후사노신 기자는 '매일신보'에 '…이 비석 글씨는 조선에서 가장 오래된 명필인 김생의 글씨를 모아 새긴 것이다.

고려 숙종 때 학사 홍관이 송나라에 들어가 김생이 쓴 글씨 한 권을 당대의 문장가들에게 보였더니 조선 사람의 글씨라고 믿는 이가 없었다. 모두 중국 고금의 제일 명필인 왕희지의 필적으로 의심할 지경이었다.'고 적었다.

그리고 당시 신문에는 비석이 두 조각 난 내력도 전해진다. 1912년 발간된 『조선불교월보』에는 명나라의 사신 주지번이 조선에 와 태자사비를 탁본하고 그 뒤 주민들이 이를 절단해 땅속에 묻었다는 내용이 나온다. 비석은 이후 조선 숙종 19년에 다시 모습을 드러냈다고 한다. 탁본 작업이 백성들을 얼마나 괴롭혔는지 짐작할 수 있는 대목이다.

#다섯
국보로 지정되고도 남을 비석

    청량산 인근 태자사에 있던 낭공대사백
월서운탑비(약칭 태자사비)는 숱한 곡절을 겪고 지금은 서울 국립중
앙박물관에 세워져 있다. 두 조각이 났다는 비석의 현재 모습이 궁
금했다. 왕희지의 글씨에 비견되는 김생의 글씨도 눈앞에서 직접
확인하고 싶었다. 서울지하철을 타고 4호선 이촌역에 내렸다. 국립
중앙박물관에서 이 비석의 행로를 추적한 정규홍 선생님을 만났다.

    으뜸홀에서 계단을 올라 201호로 들어서니 서예 전시실이다.
전시실 가운데 세워진 태자사비 앞에서 이곳을 찾는 관람객이면
누구나 한번쯤 걸음을 멈추었다. 국립중앙박물관에 세워진 안내판
에는 이렇게 적혀 있다.

태자사 낭공대사 비석

이 비석의 정식 명칭은 '태자사 낭공대사 백월서운탑비'이다. 통일신라의 효공왕과 신덕왕의 국사였던 낭공대사(832~916)를 기리는 비석으로 고려 광종 5년(954) 지금의 경북 봉화군 태자사에 세워졌다. 비석의 글씨는 김생(711~791)의 행서를 집자한 것인데, 중국 왕희지와 안진경의 글씨체 등 8세기 당시 통일신라 서예의 경향을 여실히 반영하면서도 굳세고 강건한 힘을 집어넣어 활달한 필치와 기운이 훌륭히 표현되었다. 집자는 고려의 승려 단목이 하였다. 비석 앞면에는 낭공대사의 일생과 업적이 기록되었는데, 글은 최인연(868~944, 고려 때 최언위로 개명)이 썼다. 뒷면에는 승려 순백이 쓴 후기가 새겨져 있다. 한국 서예의 신품사현 가운데 한 사람인 김생은 '해동의 서성' '신라의 왕희지'로 추앙받던 명필로서 한국의 서예 문화에 지대한 영향을 미쳤다. 오늘날 김생의 글씨는 전하는 것이 거의 없기 때문에 이 낭공대사 비석은 어느 작품보다 중요한 자료로 평가받는다.

비신은 높이 218cm에 너비 102cm, 두께 25.5cm. 새겨진 글자는 2570자에 이른다. 한 글자의 폭은 2~3cm. 비신의 위 아래 이수와 귀부는 사라지고 없다. 비신이 두 동강 난 흔적은 뚜렷이 남아 있다. 비신의 가운데를 비스듬히 가로질렀다. 지금은 접착제로 정교하게 붙여져 세워진 상태다. 갈라진 위치의 위와 아래에도 비슷한 사선

국립중앙박물관에 소장, 전시돼 있는 태자사비.

흔적이 보인다. 박물관 해설사는 관람객들에게 "뒷면을 보면 불에 그슬린 자국이 있는데 탁본을 뜨느라 생긴 흔적"이라고 설명했다. 비석은 곳곳에 상처를 안고 있었지만 그래도 당당하고 품격이 느껴졌다. 서체는 해서와 행서 두 가지 서체가 같이 집자돼 있다.

어쨌든 태자사비는 김생의 글씨를 집자한 점에서 귀중한 문화재로 평가된다. 영천군수 이항이 이 비를 발견하기 전에는 김생의 필적을 보려면 법첩에만 의존해야 했기 때문이다. 또 김생의 글씨를 집자한 비가 청량산 인근에 남아 있었다는 사실은 김생이 청량산에서 수도했다는 이야기의 역사적 신빙성을 뒷받침하는 근거가 되기도 한다.

하지만 태자사비는 지금도 안타까운 게 하나 있다. 국립중앙박물관의 숱한 유물 아래 붙어 있는 지정문화재 표시가 여기에는 없다는 점이다. 태자사비가 국보도 아니고 더욱이 그 흔한 보물로도 지정되지 않았다. 해동 서법의 종조인 김생의 거의 유일한 필적이 여태 문화재로 지정되지 않은 것이다. 예술의전당에서 서예 분야를 맡고 있는 이동국 큐레이터에게 그 연유를 물었다. 그는 "태자사비가 국보로 지정되고도 남을 가치가 있지만 아직 지정문화재가 아니다"며 "그게 우리 문화재 관계자들이 보는 서예에 대한 관심의 수준"이라고 말했다. 서예 분야가 탑이나 불상, 도자기 등에 비해 상대적으로 문화재 관계자의 관심이 떨어지고 결국 저평가되고 있다는 것이다.

도립공원인 청량산 입구에는 경상북도가 세운 청량산박물관이 있다. 청량산박물관에도 태자사비가 하나 세워져 있다. 국립중앙박물관에 있는 진품을 80% 크기로 축소한 모조품이다. 김생은 청량산박물관의 한 코너를 차지하고 끝내기에는 아쉬움이 큰 인물이다. 이제는 서성의 품격에 맞는 별도의 기념관 같은 게 필요한 시점이다. 예천에는 현재 활동 중인 권창륜을 기리는 서예기념관도 세워져 있지 않은가. 최근 김관용 경북도지사와 이야기를 나누다가 청량산이 낳은 한국 서예의 종조 김생을 주제로 하는 기념공원 설립이 필요하다는 의견을 낸 적이 있다. 청량산 입구에 김생기념 관이나 김생기념공원을 마련하고 서울에 가 있는 태자사비도 본래 의 자리로 옮기는 게 마땅하다고 생각한다.

여섯

충주에 남은 김생의 후반기 흔적

청량산에서 10년 글씨 공부를 한 김생은 이후 수도 서라벌로 진출했다. 홍양호의 『이계집』에는 김생이 서라벌에서 다시 석굴 속에 들어가 나뭇잎을 따서 글자를 쓰고 40여 년 수련을 거쳤다고 전해진다. 그쯤 되면 신필(神筆)의 경지에 들었을 것이다. 그는 서라벌에서 활동하는 동안 대로원 3자 편액과 백률사 석당기, 창림사비를 썼다고 한다. 청량산의 10년 수련이 바탕이 돼 김생이 통일신라의 중심지에서 전성기를 맞은 것이다.

이후엔 다시 충주로 옮겼다. 『신증동국여지승람』에는 그가 마음을 닦는 두타행을 실천하기 위해 만년에 홍주(洪州) 김생사에 머물렀다는 기록이 나온다. 홍주는 충주의 옛 이름이다. 김생사지가 있는 곳은 현재 충주시 금가면 유송리 반송산 부근이다. 1974년 서원학회를 시작으로 예성동우회·충청대학 등이 김생사지를 여러 차례 발굴 조사했다. 이들 조사에서 사찰 터 주변에서 통일신라시대 '月日金□'이란 글자가 음각된 명문(銘文) 기와가 수습되었다. 절터 서쪽 강가에서는 범람을 막기 위해 김생이 쌓았다는 김생 제방이 확인되었다. 김생의 충주 흔적들이다. 충주시는 김생의 이런 인연을 축제로 승화시키기도 했다.

힘찬 획은 3만근의 활을 당기듯

지금까지 남아 있는 김생의 필적은 태자
사낭공대사백월서운탑비(약칭 태자사비)가 대표적이다. 물론 그게 전

『해동명적』에 실린 김생이 썼다는 이백 시 '송하빈객귀월'.

부는 아니다. 조선시대 만들어진 수십 종의 탁본에도 필적이 일부 전한다. 『전유암산가서(田遊巖山家序)』와 『대동서법』의 '망여산폭포시', 『해동명적』의 '송하빈객귀월' 등이 있지만 이 가운데 『전유암산가서』가 김생의 필적으로 가장 신뢰를 얻고 있다. 또 청량산 연대사에 금으로 쓴 불경 40여 권이 있었다고 전해지는데 물론 지금 남아있지는 않다. 1771년 이세택이 『청량지』를 편찬할 당시에는 연대사에 김생이 금·은으로 쓴 불경 40여 권이 간직돼 있었다고 한다.

김생의 글씨는 어떤 특징이 있을까. 『삼국사기』(권48 열전8 김생전)의 기록을 보자. 송나라 휘종 때 일이다. 고려학사 홍관이 진봉사(進奉使)를 수행하여 변경(허난성)에 머물 때 휘종 황제의 조직을 가지고 온 송나라 한림대조 양구와 이혁이 김생의 행초 두루마리를 보고 놀라 "뜻밖에 오늘 왕희지의 친필을 보는구나" 하였다. 이에 홍관이 "아니다. 이 행초는 신라 사람 김생의 글씨"라고 말했다. 그러나 두 사람은 우기면서 "천하의 왕희지를 제외하고 어찌 이와 같은 신묘한 글씨가 있을 수 있겠는가"라며 끝내 믿지 않았다. 왕희지라면 한자문화권에서 서예 분야의 지존이 아니던가.

고려 때 문인 이인로는 『파한집』에서 김생에 대해 "붓 놀림이 신과 같아 초서도 아닌 듯 행서도 아닌 듯하다. 이는 57종 제가체세(諸家體勢)로부터 나온 것"이라고 적었다. 57종 제가체세란 한·위·진 등의 명필 57명의 필적을 말한다. 또 이규보는 『동국이상국집』에서 왕희지와 짝하여 김생을 '신품제일(神品第一)'로 극찬했다. 조선에 와서는 서거정·이황·허목·홍양호 등 문인들이 찬사를 보냈다. 조선

전기 때 학자인 서거정이 편찬한『동문선』에는 고려시대 승려 석천인이 치원암 주지의 시에 화답한 시에서 김생이 산중의 암굴에서 1000여 축의 불경을 썼다는 내용이 실려 있다. 조선 영조 때 서얼 문인 성대중(1732~1812)은 김생의 힘 넘치는 획을 특히 강조했다. 그는 태자사비 글씨를 "그 획이 마치 3만근의 활을 당겨 한 발에 가히 수많은 군사를 쓰러뜨릴 것 같다"며 글씨의 탄력이 뛰어남을 표현했다.

예술의전당 이동국 큐레이터는 "김생 글씨는 왕희지의 서법과 당나라의 서풍을 수용하되 그걸 모방하는 데서 그치지 않고 독자적인 글씨를 변화무쌍한 필획과 짜임새로 구사했다"고 평가했다. 여기서 또 하나의 궁금증이 생긴다. 낭공대사비는 왜 당대의 명필을 동원해 직접 쓰지 않고 김생의 글씨를 집자했을까. 이동국의 추정이 흥미롭다.

태자사비는 2500여 글자를 김생의 해서·행서 중에서도 작은 글자 중심으로 뽑아냈다. 이 정도를 찾아내자면 모집단은 이보다 수십 배가 넘는 규모여야 하고 그러자면 김생이 평생 쓴 글씨를 대상으로 하지 않았을까 짐작했다. 김생의 글씨는 이미 이 비석을 만들 때인 9~10세

태자사 낭공대사비 탁본.

기 나말여초의 서풍과도 차이가 났다. 그때는 고려 왕조가 들어서
구양순 계통의 도끼로 찍은 듯한 글씨가 유행하던 시기다. 그런데
도 왜 김생의 글씨를 집자했을까.

이동국은 "명필이나 명적이 되려면 글의 내용과 조형미가 하나
가 돼야 구현될 수 있다"고 강조한다. 낭공대사의 행적은 김생체를
만나야만 화엄불국을 구현할 수 있었다는 것이다.

한국 서예의 역사는 한반도에 한자가 도입된 때를 기준으로 잡
으면 2000년이 넘는다. 물론 지금 서예문화는 일찍이 없던 대변혁
을 맞고 있다. 일상 문자생활에서 한자는 한글로 바뀌었고 '쓰기'
지필묵은 '치기' 자판으로 대체되었다.

이 큐레이터는 "한국의 한자 서예 역사는 크게 보면 김생 이전
과 김생에서 추사 김정희, 그리고 추사 이후로 나눌 수 있다"고 요
약한다. 8세기 통일신라 때 김생이 한국 서예의 전형을 정립했고
19세기 조선의 김정희가 첩(帖)과 비(碑) 글씨의 혼용으로 우리 글
씨의 패러다임을 바꾸었다는 것이다. 김생 글씨는 또 청량산의 산
세를 닮았다는 평가도 있다. 주세붕은 이렇게 표현했다.

> 자획은 모두 날카롭고 강해서 바라보면 바위들이 빼어남을 다투
> 는 듯하다. 이제 이 산을 보니 바로 여기에 살면서 글씨를 공부해
> 필세가 정밀하여 입신의 경지에 들어가 서서히 무르익어 간 것
> 임을 알게 되었다.

1544년(중종39) 주세붕은 청량산에 올라 일주일 동안 이곳저곳을 돌아본 뒤 『유청량산록』이란 청량산의 첫 기록을 남긴다. 김생굴을 만난 감회는 이렇게 기록되어 있다.

　　"집에 김생의 서첩이 있다. 그 글자의 획이 모두 뾰족하고 굳세어 바라보면 마치 여러 바위가 빼어남을 다투는 듯하였다. 지금 이 산을 바라보니 바로 김생이 여기서 글씨를 배웠다는 것을 알 수 있다. 필법이 정묘하여 신품에 들어가니 자신도 모르게 쌓인 빼어남 덕분이었다. 옛날 공손대랑(公孫大娘)의 혼탈무(渾脫舞)에서 장욱(張旭)이 깨닫고 초서를 잘 썼으니 그 묘함이 한결 같은 이치다. 참으로 신묘함을 얻었다면 필획이 거침이 없었을 것이다. 춤(舞)과 산을 어찌 가릴 것인가. 다만 이것은 바르고 저것은 기이하다. 그러므로 해서와 초서의 구분이 있을 뿐이다. 세상은 모두 장욱의 초서가 춤에서 나왔다는 것만 전하지, 김생의 필법이 산에서 얻었다는 것을 알지 못한다. 그래서 밝히지 않을 수 없다."

　　공손대랑은 당나라 때 기녀로서 검무를 매우 잘 추었다고 한다. 그가 혼탈무를 출 때 서예가인 장욱은 그 춤을 보고서 초서에 커다란 진전을 이루었다고 전해진다. 주세붕은 청량산을 보니 김생의 필체가 기이한 봉우리의 모습을 닮아 필획의 정묘함이 신의 경지에 들었다고 표현했다. 자연의 형상을 본뜬 필체가 자연과 하나가 되었다는 것이다. 김생은 왕희지체·구양순체가 유행하던 시기에 청량산의 모습을 본뜬 서법을 구사함으로써 가장 한국적인 서예 풍토를 이끌어 낼 수 있었다. 김생 서체의 바탕에는 바로 청량산이 있었던 것이다.

2장
불가의 산

마을을 거쳐 청량사로 가는 길

2월 25일. 대구에서 출발해 청량산을 찾았다. 오전 11시 40분쯤 청량폭포 쪽에서 장인봉을 향해 출발한다. 길은 시작부터 가파르고 바닥은 시멘트로 포장되어 힘들고 불편하다. 발을 디딘 위치가 점점 높아지면서 건너편 청량폭포 위쪽 산등성이가 시야에 펼쳐진다. 산비탈에는 이 겨울에 무얼 심었는지 하얀 비닐이 널찍하게 덮여 있다.

화요일이어서인지 산을 오르는 사람은 혼자이다. 청량산을 다 차지한 느낌이다. 노란 배를 드러내며 새 한 마리가 앞으로 획 지나간다. "다다다닥!⋯다다다닥!⋯." 딱따구리가 노련하게 나무를 뚫는다. 산속의 한낮은 지저귀는 산새의 작은 소리까지 청아하게 들릴 만큼 고요하다. 분명 번잡한 도시와는 다른 별천지다. 한데 이건 뭔가. 이런 맑고 깊은 산에도 미세먼지가 지나가나. 건너편 산이 온통 뿌옇다. 기분을 거스른다. 산을 오르면서도 마스크를 껴야 하나.

길 오른쪽으로 폐가 두 채가 보인다. 뒤뜰에는 가을걷이를 한 뒤 곡식 낱알을 가려내는 풀무가 서 있다. 더 오르니 시멘트길이 끝나는 곳에 오른쪽으로 건물 다섯 채가 보인다. 낡아서 붉은 빛이 도는 함석지붕이 있고 올린 지 얼마 지나지 않은 플라스틱 기와지붕도 보인다. 세 가구가 모여 있는 작은 산간마을이다. 이름하여 두들마을 샘터. 가파른 산중에도 작은 마당까지 딸려 있다. 집을 처음 지을 때는 보통 힘든 일이 아니었을 것 같다. 노고의 과정이 절로 느껴진다.

첫 번째 집 주인은 정경례(82) 어르신. 노파는 마당 아래 비탈에

청량산 중턱에 자리잡은 두들마을 샘터.

서 부러진 나뭇가지를 모으고 있었다. 이곳 청량산에서 자그마치 40여 년을 살았다. 처음 만난 사이지만 이런 저런 이야기를 스스럼 없이 들려준다. 남편은 지난해 5월부터 요양병원 생활을 한다. 마을 건너편 산으로 벌통이 보인다. 남편이 요양병원으로 떠나자 벌도 모두 떠나버려 이제는 빈 벌통만 남았다며 "역시 벌은 영물"이라고 말했다. 자녀는 강원도 태백에 살고 있다. 현재 이 마을에는 두 가구 세 사람이 살고 있다. 마을은 일제강점기 시절에도 이미 형성되어 있었다고 전한다. 이 마을 특산물은 토종 대추다. 한 집이 70가마에서 많을 때는 100가마까지 수확한다. 비탈에는 온통 대추나무가 자라고 있다. 집 주변에 심은 옥수수가 익을 때쯤이면 주변 멧돼지가 마당까지 들락거린다고 한다.

또 한 집은 심동출(77) 노부부가 살고 있다. 심씨는 지팡이에 의지해 잘 걷지도 못하지만 그래도 산속에서 사는 게 좋다고 말한다. 영주에 나가 있는 자식 집에서 설을 쇠었지만 아파트는 살 게 못되더라는 것이다. 답답하기도 하고 이웃이 있어도 성도 모르고 이름도 모르니 그게 무슨 사람 살 곳이냐고 반문한다. 어른들은 나무를 베는 삼판 일을 하였다. 집 옆에 제법 널찍한 밭이 있다. 비탈 밭 비닐하우스에는 겨울인데도 상추와 배추가 자라고 있다.

오후 1시 반. 산 능선에 닿았다. 잔설 위로 작은 쥐가 먹을 것을 찾아 부지런히 오간다. 고요해서일 것이다. 새 소리가 옆에서 사람이 말하듯 크게 들린다. 서쪽으로 장인봉을 올라간다. 청량산의 가장 높은 봉우리답게 경사 70도가 넘는 가파른 철제 계단이 기다리고 있다. 조심스레 계단을 오르니 장인봉이 모습을 드러낸다. 해발 870m. 봉우리 이름은 주세붕이 붙였다. 정상에 주세붕의 '登淸凉頂 (등청량정)' 시비가 세워져 있다. 공민왕당이 있는 건너편 축융봉은 미세먼지로 덮여 잘 드러나지 않는다. "끼약 끼약…." 산 아래쪽에

청량산의 최고봉인 장인봉에 세워진 표지석.

봉우리와 봉우리를 연결해 지상 70m에 설치된 하늘다리.

서 왜가리 소리가 들려온다. 장인봉 아래로는 낙동강이 지나간다.

　장인봉을 내려와 선학봉을 지나면 하늘다리가 나타난다. 해발 800m 지점의 선학봉과 자란봉을 연결하는 길이 90m 국내에서 가장 길다는 산악 현수교다. 지상에서 높이만 70m에 이른다. 봉화군이 2008년에 설치한 청량산의 명물이다. 다리 중간에서 아래를 내려다보면 아찔하기만 하다. 말로만 들은 천길 낭떠러지가 이런 건가 싶다. 자란봉을 지나 뒷실고개에서 청량사 길로 들어섰다.

#둘

암자 30여 곳은 왜 사라졌을까

청량산 길은 빛이 바랜 낙엽이 아직도
잔뜩 쌓여 있었다. 길은 청량사 유리보전으로 이어진다. 청량사는
자그마하다. 위압적이지
않다. 주변 산세에 묻혀
절도 자연의 일부가 되어
있다. 유별나지 않으면서
탄성을 자아내게 하는 아
름다움이 있다. 전라남도
해남군 땅끝마을의 미황
사와 청량사를 견주는 사
람도 있다. 이 두 사찰이
자연과 조화를 이루는 풍
경에서 쌍벽을 이룬다는

지현 스님.

'유리보전' 편액은 공민왕 글씨로 전해지지만 간기가 맞지 않다.

것이다. 청량사 주지 지현(智賢) 스님을 만나 차를 들며 내력을 들었다. 스님이 청량사에 발을 들여놓은 것은 1986년.

그때만 해도 청량사는 서까래가 무너지는 등 폐사 직전의 상태였다. 지현 스님은 팔을 걷어붙였다. 한동안 손대지 않은 청량사를 옛 모습 그대로 복원하는 불사를 시작한 것이다. 유리보전을 중수하고 요사채를 새로 짓는 등 사찰 모습을 갖추는데 먼저 힘을 쏟았다. 그러기를 20여 년. 청량사가 조금씩 본래 모습을 되찾았다. 지현 스님은 청량사 주지로 있으면서 조계종 종회의 의원으로 총본산인 조계사의 성역화사업 총도감을 맡고 있기도 하다. 스님은 "이제는 청량사를 더 확장하는 일에 매달리기보다 누구든지 찾아오면 마음이 편안해지는 힐링의 공간으로 만들 계획"이라고 말했다. 경관이 입소문을 타면서 가을 단풍 철에는 하루 1만명이 청량사를 찾는다고 한다.

청량사는 대한불교 조계종 16교구 본사인 의성 고운사의 말사이다. 지현 스님은 "청량산은 신라 불교가 꽃을 피운 곳"이라고 설명한다. 청량산에만 33개의 암자가 있었고 200여 년 전에는 대중 200여 명이 기거했을 정도로 번성했다는 것이다. 당시에는 청량산 전체를 도량으로 보고 전각을 배치한 듯하다고 말했다. 사찰의 부속건물인 응진전이 청량사에서 한참 떨어진 금탑봉 아래 별도로

청량산의 지형에 순응해 지어진 청량사 전경.

세워져 있는 게 그렇다는 것이다.

그러나 지금은 청량산에 그렇게 많았다는 사찰·암자가 청량사 하나만 달랑 남아 있다. 무슨 일이 있었을까.

청량산은 병풍처럼 두른 바위가 곳곳에 펼쳐진 험준한 바위산이다. 물도 귀하다. 청량산에는 상대적으로 완만한 축융봉 주변에만 화전민 부락이 있었던 것으로 전해진다. 그만큼 누구나 쉽게 정착할 수 있는 산이 아니다. 청량산이 사람이 살기에는 악조건이다 보니 역설적으로 도를 닦는 데는 좋은 장소가 되었다. 신라시대부터 고려시대까지 청량산이 불교의 도량으로 30여 개 암자가 석벽

아래에 삼각우가 묻혔다는 소나무.

사이사이에 분포했던 것도 이런 여건과 무관치 않은 것 같다. 그러다 보니 바위틈에 샘이 흘러나오기만 하면 암자를 지어 수도승이 자리 잡았다.

이런 지세 때문에 청량산에서 비교적 넓은 공간을 마련할 수 있는 곳은 청량사 주변뿐이었다. 본래는 연대사(蓮臺寺) 자리로 추정되는 곳이다. 물론 이곳에 연대사를 짓는 것도 여간 어렵지 않았을 것이다. 전하는 삼각우(三角牛) 설화가 절을 지을 때의 어려움을 짐작하게 한다. 뿔이 셋 달린 삼각우가 연대사를 지을 때 목재와 기와를 싣고 험한 산길을 오르내리다가 연대사가 완공된 뒤 지쳐 죽었다는 이야기이다. 그래서 삼각우를 연대사 아래에 묻었는데 그 돌무덤은 16세기 청량산을 둘러보고 기록을 남긴 주세붕·권호문 등의 유산기에도 등장한다. 또 삼각우를 그린 탱화도 사찰에 남아 있었다고 전해진다.

청량산에 깃들어 있던 숱한 사찰과 암자는 어떤 모습들이었을까. 연대사는 아마도 지금의 청량사처럼 법당과 요사채 등을 갖추고 있었을 것이다. 연대사를 제외한 다른 곳은 불상만 있는 작은 건물 하나에 스님이 기거하는 암자 형태였을 것이다. 이보다 큰 암자는 들어설 공간이 없었기 때문이다.

신라시대부터 고려시대까지 불교는 사실상 국교의 역할을 했다. 청량산도 자연스레 불교의 도량이 되었을 것이다. 조선이 개국하면서 억불숭유책에 따라 불교는 시련에 직면한다. 사찰의 승려는 졸지에 신분 계층의 맨 아래인 천민으로 전락한다. 사농공상의 질서에서 사대부나 선비는 한참 윗자리였다. 승려는 그들이 청량산으로 찾아오면 상전으로 모셔야 했다. 그들을 맞이하고 대접하는 것은 물론 때로는 지체 높은 양반을 가마에 태워 이 봉우리 저 암자로 길잡이를 해야 했다. 특히 1706년 64세의 나이로 청량산을 찾았던 병조좌랑을 지낸 권성구(1642~1709)를 시작으로 사대부들은 유람에 남여(藍輿)를 이용했다. 남여는 덮개가 없는 의자형 가마로 앞뒤에 두 사람씩 모두 네 사람이 어깨에 메고 다니는 탈것이다. 남여가 동원되면 메는 것은 승려들 몫이었다. 권성구는 '청량산유람록'에 "몇 리를 더 가니 길이 더욱 험하여 가마를 멘 승려들이 매우 힘들어 한다"고 적었다. 말할 필요도 없이 남여를 메는 일은 고된 노역이었을 것이다. 어떻게든 피하고 싶었을 것이다. 승려들은 하는 수없이 하나 둘 청량산을 떠나기 시작했다. 승려가 떠나면 절은 금세 피폐해진다. 임진왜란을 겪으면서 청량산의 사찰은 급속히 쇠락한다.

임진왜란 이전에 청량산을 찾은 주세붕의 『유청량산록』에는 들르는 곳마다 승려들이 영접하고 길을 안내한 기록이 나온다. 1544년 청량산을 찾은 풍기군수 주세붕은 "절의 중이 맞이하여 위로하며 말하기를 '빈도가 얼마나 기다렸는지, 어찌 이리 늦게 오신단 말입니까' 하였다.…(중략) '너는 모르는 쓸데없는 이야기로, 나를 속이지 말라' 하니 이때부터 중들이 허튼 소리를 하지 않았다"고 적고 있다. 1570년 청량산을 찾은 권호문도 "별실암에 도착하니 늙은 중이 엎어질 듯 달려 나와 맞이하였다. 잠시 후에 연대사의 중 몇 명이 와서 맞이하고 지장전으로 옮겨 머물 것을 권하여 곧장 옮겨가니 채색이 산뜻해 머물 만하였다"고 기록하고 있다.

당시 승려들은 힘든 일을 도맡은 것은 물론 제대로 사람 취급도 받지 못했다. 늙은 중이 엎어질 듯 달려 나오다니…. 글에 나타나는 표현도 '승려' 대신 아예 '중'이다. 읽기가 민망할 정도다. 이런 구절만 봐도 당시 사대부 계층이 승려를 얼마나 무시하고 업신여겼는지 짐작할 수 있다. 그래서 농암 이현보 선생의 종손인 이성원(62) 박사는 수년 전 청량사 지현 스님과 청량산문화연구회 활동을 하면서 유가의 후손으로 불가에 저지른 잘못을 뉘우치는 화해를 제안하기도 했다.

임진왜란 이후의 기록은 청량산의 사찰과 승려가 예전 같지 않음을 단번에 알 수 있다. 그때는 달려 나와 사대부를 맞아 줄 승려도 찾기가 어려워진다.

1594년 청량산을 찾은 예안현감 신지제의 '유청량산록'에는 "연대사에 들어가보니 거처하는 중은 수십 명이 안되었다…(중략) 절은 낡고 중은 얼마 남지 않아 그다지 깨끗하지 않았다"고 적혀 있다. 다시 20년 뒤인 1614년 류성룡의 셋째아들 류진(1582~1635)이 청량산을 찾은 뒤 '유청량산일기'를 남긴다. 여기에는 "진불암에 올라 하대승과 상대승을 지나 문수와 보현에 이르기까지 모두 거처하는 중이 없었다. 지나온 사찰은 모두 이십여 곳인데 한 곳도 중이 거처하는 곳은 없었다. 다만 연대에 서너 명 그리고 지장전에 한 명일 뿐"이라고 기록되어 있다. 세월이 지나면서 사찰과 암자가 황폐해지고 있었던 것이다. 다시 270년이 지나 1882년 청량산을 찾은 이상룡(1858~1932)은 "열아홉 개이던 절이 지금은 네 곳만 남아 있는데, 만월암도 이 같이 되었으니 몇 개의 절이 이처럼 폐찰이 되지 않겠는가?"라고 안타까워한다.

현재 남아 있는 사찰이나 암자는 연대사 터의 유리보전과 과거 상청량암이나 하청량암 가운데 하나로 추정되는 응진전 단 두 곳뿐이다. 절이 무너지고 승려들이 청량산을 떠나면서 절이나 암자에 소장되어 있던 기록이나 자료도 함께 사라졌다.

#셋

원효와 의상의 흔적은

원효(元曉)와 의상(義湘)은 신라 불교를 대표하는 쌍벽이다. 이들도 청량산과 무관하지 않다. 청량산 입석에서 청량사로 가는 길 입구에는 '원효대사 구도의 길'이란 안내판이 세워져 있다. 그 길을 따라 청량사 유리보전에 닿으면 건물 축대 앞에 세워진 '원효가 다녀간 그 길 위에 서다'란 안내판을 만나게 된다. 거기에 원효대사의 프로필과 함께 지팡이가 새겨져 있고 아래에는 삼각우총 설화와 원효대사가

입석에 서 있는 '원효대사 구도의 길' 안내판.

청량산에서 구도한 길을 보여주는 약도가 그려져 있다. 경상북도가 원효대사의 발자취가 남겨진 10곳을 선정해 표시한 구도의 길이다. 청량사를 소개하는 안내판에는 청량사를 신라 문무왕 때 원효대사·의상대사가 창건하였다고 전해진다며 두 고승을 함께 적어 두고 있다. 청량산에는 지금도 원효·의상과 연관된 지명과 유적이 다수 남아 있다. 원효와 연관된 곳으로는 원효봉·원효대·원효암이 있다. 의상과 관련된 것으로도 지금의 연화봉인 의상봉과 의상굴·의상암이 있다. 고려시대 고승 천인이 청량산에 전해지던 고사를 노래한 시에는 '두 성인이 함께 숨어 살던 곳인데 천년 뒤에도 그 풍류가 다투어 향기를 풍기네'라고 적고 있다. 여기서 말하는 두 성인은 원효와 의상을 가리킨다. 천인의 시에는 원효암·의상암 같은 유적에 관한 언급은 더 이상 나타나지 않는다.

원효와 의상이 머물면서 도를 닦았다는 원효암과 의상암은 현재 절터만 남아 있는 상태다. 물론 청량산에 남아 있는 가장 오래된 건물인 응진전에 원효대사가 머물렀다는 이야기는 전한다. 이들의 행적을 둘러싼 이야기는 방방곡곡에 전해지고 있어 구체적 자료가 뒷받침되지 않을 경우 자칫 개연성으로 그칠 수도 있다. 하지만 의상은 좀 다를 수도 있다. 의상은 청량산 인근에 영주 부석사를 창건한 만큼 절터를 물색하면서 청량산을 들렀을 가능성은 얼마든지 있기 때문이다.

신라 불교에서 원효와 의상은 대체 어떤 인물일까. 의상과 원효는 한마디로 신라를 넘어 한국 불교의 영원한 맞수다. 불교의 양대

산맥이기도 하다. 흥미롭게도 둘의 삶과 사상은 극과 극을 이룬다. 의상은 서기 625년(신라 진평왕47) 경주에서 귀족 김한신의 아들로 태어나 19세에 경주 황복사에서 출가했다. 의상이 진골 출신인 반면 원효는 육두품 출신이다. 원효는 15세에 출가했다. 나이는 원효가 의상보다 여덟 살 위다. 두 사람은 고구려에서 망명해 백제에 와 있던 고승 보덕으로부터 열반경과 유마경을 같이 배웠다는 기록이 전한다. 백제가 멸망한 직후인 661년 두 사람은 함께 당나라 유학길에 올랐다가 극적으로 결별한다. 이 사건을 『송고승전(宋高僧傳)』은 이렇게 전하고 있다.

'원효가 동지 의상과 함께 서쪽으로 유학하고자 길을 떠났다…(중략)…중도에 폭우를 만났다. 두 사람은 길옆 토굴에 몸을 피했다. 다음날 날이 밝아 바라보니 그곳은 해골이 있는 옛 무덤이었다. 비가 계속 내렸다. 무덤 속에서 하루를 더 머물렀다. 밤이 되자 귀신이 나타나 놀라게 했다. 원효는 탄식했다. 어젯밤은 편안했는데 오늘 밤은 귀신굴이 돼 근심이 많아졌다. 알겠도다. 마음이 생기니 온갖 것이 생겨나고 마음이 사라지면 토굴과 무덤이 둘이 아니구나. 마음밖에 법이 없으니 어찌 따로 구하랴. 나는 당나라로 들어가지 않으리라. 원효는 바랑을 메고 본국으로 돌아가 버렸다. 의상은 홀로 당나라로 들어갔다.'

의상은 천신만고 끝에 당나라로 건너가 종남산의 지엄 문하에서 7년 동안 화엄학을 공부한다.

남녀 간 사랑 이야기도 두 사람은 전혀 딴판이다. 원효는 서라벌 거리를 돌아다니며 "누가 자루 빠진 도끼를 허락하려나. 내 하늘을 바칠 기둥을 다듬고자 하는데"라며 큰 소리로 노래를 불렀다. 사람들은 아무도 그 노래의 뜻을 알지 못했다. 하지만 태종 무열왕은 원효의 뜻을 알아채고 그를 요석궁으로 맞아들여 홀로 된 요석공주와 짝을 지어 주었다. 원효가 아들을 얻으니 그가 설총이다. 원효가 여인을 두고 파계를 결행하고 환속의 길을 걸을 때 의상은 반대의 길을 갔다.

의상은 유학길에 당나라 땅 양주에 도착해 그곳의 지방관리 집에 머무른다. 그 집에는 아리따운 딸 선묘(善妙)가 있었다. 선묘는 사랑을 고백한다. 이미 세속의 연을 끊은 의상은 선묘를 타이른다. 이에 선묘도 감동해 "세속의 인연으로 잠시 함께 하느니보다 불법에 귀의해 세세손손 스님과 함께 하겠다"고 맹세하며 종남산으로 떠나는 의상을 배웅한다. 선묘는 결국 용이 되어 영주 부석사 우물에서 살았다고 한다. 의상과 선묘의 사랑 이야기는 일본의 국보로 지정된 『화엄연기회권』에 그림으로 남아 있다.

의상과 원효는 공부 방법도 달랐다. 원효는 화엄도 · 유식도 · 대승도 · 소승도 등 불교의 전 분야에 관심을 두었다. 그러나 의상은 오직 화엄학 하나를 파고들었다. 또 원효가 이 동네 저 부락을 누비며 대중들에게 불법을 전할 때 의상은 부석사를 세우고 제자 양성에 매진했다. 원효는 수많은 저서를 남긴 반면 의상은 극히 적은 저서를 남겼고 그것도 대부분 게송이었다.

원효는 노래와 춤으로 대중을 가르쳤고 행동은 구애되지 않았다. 말은 거칠었다. 특히 설총을 낳은 뒤엔 승복을 벗고 거리를 누볐다. 반면 의상은 평생을 아미타불이 있는 서쪽을 향해 앉았다. 의상은 의복과 바루와 물병을 빼고는 아무것도 가진 게 없는 무소유를 실천했다. 성품은 온화하고 언제나 조용했다. 한국 화엄종의 종조로 불리는 의상은 부석사를 비롯해 화엄사·해인사·범어사 등 화엄종 10대 사찰을 창건하고 10대 제자를 길렀다. 원효와 의상이 둘 다 청량산을 찾았거나 머물렀다면 그들은 여기서도 전혀 다른 행적을 남겼을지 모른다.

최치원의 청량산 미스터리

3월 15일. 청량산 응진전으로 바람이
제법 거세게 불어온다. 처마에 매달린 풍경이 청아한 소리를 낸다.
산속의 봄이 깨어난다. 응진전 16나한을 만난 뒤 다시 산을 올랐

최치원의 영정(왼쪽)과 글씨.

최치원이 독서와 바둑을 즐겼다는 풍혈대.

다. 금탑봉의 중층으로 난 길이다. 금탑봉은 신라 말기의 대문장가 고운(孤雲) 최치원(崔致遠·857~?)의 이름을 따 한때 치원봉으로 불릴 만큼 청량산에서 최치원과 가장 밀접한 연관성을 지닌 봉우리다. 그래서 금탑봉 중층에는 최치원과 관련된 유적이 비교적 많이 남아 있다. 길옆에 풍혈대를 가리키는 방향 표지대가 서 있다. 그 아래로 풍혈대를 간단히 소개한 기왓장이 놓여 있다. 풍혈대는 비탈지고 험한 오르막을 20m쯤 올라가야 모습을 드러낸다. 올라가면 힘은 들지만 역시 잘 왔다 싶은 경관이다.

'풍혈(風穴)'은 바람이 통하는 굴을 말한다. 이곳은 층암 절벽이 남북으로 통하여 오뉴월 염천에도 항상 서늘한 바람이 분다. 신라

말 대문장가로 알려진 최치원이 이 부근에 머물 때 이곳에서 독서와 바둑을 즐겼던 것으로 전해진다. 풍혈대 바로 밑에는 통일신라시대 김생에 버금가는 명필 요극일(姚克一)이 글씨 공부를 했다는 극일암 터가 남아 있다.' 풍혈대에 세워져 있는 안내문이다.

안내문 그대로 풍혈대는 지붕처럼 생긴 천정 돌 아래 널찍한 자리를 만들어 놓고는 벽처럼 두른 바위의 앞과 옆이 뚫려 있다. 바람이 숭숭 지나간다. 사다리로 다락방 같은 위층 바위에도 올라갈 수 있다. 전해 내려오는 이야기에 따르면 굴 입구에 최치원이 앉아서 바둑을 두던 두 개의 판이 있었는데 굴 속에 있어 비를 피할 수 있었기에 1000년 동안 썩지 않았다. 퇴계 이황 선생의 제자인 권호문은 '유청량산록'에서 일행이 자신에게 풍혈대와 최치원의 바둑판이 있는 곳에 올라가 볼 것을 권하자 "그곳에 가면 바둑두느라 도끼자루가 썩는 줄도 모른 채 돌아오지 못할까 걱정이네"라고 화답한다. 지금 그 바둑판의 흔적은 둘러봐도 찾을 길이 없다.

뚫린 공간으로 풍혈대 앞 청량산 풍경이 들어온다. 위를 쳐다보면 금방이라도 떨어질 듯한 바위가 천정에 매달려 있다. 바윗돌은 특이한 암석이다. 자갈을 섞어 마치 거칠게 콘크리트 공사를 해 놓은 것 같은 모습이다. 바다 속에 가라앉아 있던 지층이 땅 위로 솟아올라 형성된 것이라고 한다. 일종의 역암일 것이다. 이런 암석은 청량산 곳곳에 산재해 있다. 조선 영조 시기 한성주부 · 회인현감을 지낸 강재항(1689~1756)은 청량산에 올랐다가 암석의 이런 모습을 발견하고 그 연유에 주목했다. 1712년 청량산을 찾은 그는

청량산 바위 곳곳에선 해저 지층의 융기현상을 볼 수 있다.

'청량산기'에 그 현상을 이렇게 분석한다.

　"일찍이 들으니 호자(胡子, 중국 송나라 학자 호굉)가 말하기를 '천지의 한 기운이 크게 숨을 쉬면 큰 진동이 끝이 없어 온 세상이 변동하여 산천이 뽑히고 막히며 사람과 사물이 다 없어지고 옛 자취가 크게 사라진다. 이는 태고의 세상이라 부른다. 높은 산에 조개와 소라껍질이 혹 돌 속에 있으니 이 돌은 옛날 흙이고, 조개와 소라는 바로 수중의 사물이다. 낮은 지대가 높은 곳이 되고 부드러운 것은 강한 것이 되는 반대현상이 이루어진다'고 하였다. 지금 이산의 돌을 보니 첩첩이 쌓여 융화되지 못했는데 비바람에 부딪치고 물에 휩쓸려 그 부류가 모두 부서지니 부서지면 또 모두 분명히 쌍육놀이나 탄환의 도구 같은 것이 된다. 아마도 이 산의 돌 역시 동해 가운데 있던 옛 사물이었을 것이다. 그렇다면 크게 사라진 옛 자취 중에도 아직까지 다 없어지지 않은 것이 있을 것이고 태고적 세상 또한 이를 미루어 알 수 있을 것이다." 청량산에 가면 한번쯤 확인할 만한 지질 공부의 소재다.

풍혈대 주변에는 기와 파편이 흩어져 있다. 암자가 있었던 흔적일 것이다. 치원암이라는 이름도 전한다. 풍혈대 바위 곳곳에는 이곳을 다녀간 사람들 이름이 새겨져 있다. 모두 한자(漢字)다. 과거시험을 준비하던 유생들이 청량산을 찾아 장원 급제한 최치원의 정기를 이어받고 싶어서였을 것이다. 최치원이 어디 보통 시험을 쳤나. 868년(신라 경문왕 8년) 최치원은 12세에 당시 세계의 중심이나 다름없던 당나라로 유학을 떠나 7년 만에 당나라의 빈공과(賓貢科)에 응시, 당당히 장원 급제했다. 빈공과는 외국인 자격으로 보는 과거시험이다. 그는 이후 '토황소격문(討黃巢檄文)'을 지어 반란을 일으킨 황소가 읽고 혼비백산해 자리에서 쓰러지고 결국 비참한 최후를 맞게 하는 명문을 남겼다.

최치원은 29세에 고향 경주로 돌아온다. 6두품으로 최고 관등인 아찬 벼슬을 받았다. 그는 신라에서 학식과 경륜을 펼쳐보려 했으나 골품제의 높은 장벽에 부닥친다. 최치원은 지방 호족세력의 발호와 진골 귀족의 부패를 막기 위해 '시무 10조'를 진성여왕에게 올렸지만 기득권층의 노여움에 직면한다. 그는 신라가 배출한 인재였지만 904년(효공왕8) 가야산을 은둔처로 삼은 뒤 다시 세상에 나오지 않았다. 고운(孤

雲)-. 외로이 떠도는 구름이라는 자신의 호처럼 최치원은 그때부터 전국 곳곳을 떠돌며 발자취를 남겼다. 부산 해운대도 그 가운데 하나다. 그는 해운대 앞바다 동백섬 남쪽 암벽에 자신의 또다른 호 '해운(海雲)' 을 붙여 '海雲臺'(해운대)라 새겼다. 부산 해운대의 유래다.

최치원에 대한 후세의 평가는 엇갈린다. '한문학의 조종(祖宗)' '동방문학의 개산조'라는 찬사가 있는가 하면 조선시대 유가(儒家)

풍혈대 아래 치원암터 자리.

의 평가는 냉혹한 편이다. 주세붕은 『유청량산록』에서 "그는 우리 유학의 죄인"이라며 "참으로 고운(최치원)이 우리 유가의 문호를 조금이라도 알아 큰 소리로 배척하였다면 500년 고려가 불교에 빠지는 것이 이처럼 심하지는 않았을 것"이라고 비판한다.

신라 명필 요극일도 청량산으로

       풍혈대 아래에는 신라에서 김생 다음
으로 이름난 명필인 요극일(姚克一)의 흔적이 남아 있다. 요극일이
머물렀다는 극일암 터다. 오래 된 기왓장 파편이 주변에 흩어져 있
는 걸 보면 건물이 있었던 게 분명하다. 요극일은 서성 김생에 버
금가는 인물이다. 김생이 머무른 김생굴에서 1*km*쯤 떨어진 위치다.
1771년 퇴계 이황의 후손인 이세택은 『청량지』를 편찬한다. 그는
이 과정에서 『동문선』에 실려 있던 청량산의 고사를 노래한 고려
시대 고승 석천인(1205~1248)의 시를 발견한다.

> 치원암의 주지가 자신의 시를 보여주면서 나에게 청량산의 고사
> 를 기록해 주기를 요청하기에 주지의 시를 차운하여 화답함

> 동남쪽의 장관으로 수산(水山)이 있는데

옛날부터 성현들이 자취를 남기셨지

내가 이 산에 와서 그 노인을 방문하여

여러 날 밤 마주 앉아 이야기해도 오히려 부족했지

그 말에 의하면 이 산은 태백으로부터 갈라져 나왔는데

아름답고 화려한 산세가 천하에 짝이 없다지

푸른 벼랑은 만 길이나 되고 오솔길은 백구비나 되니

유거를 구한다 해도 누가 기꺼이 이런 곳에 자리 잡으랴

문창후 최치원이 처음으로 초가를 지었고

요극일이 글씨를 배우러 이웃에 집을 지었지

위에는 김생이 머물던 옛날 바위굴이 있는데

불경을 베껴 쓴 것이 천여 축이나 되었다 하지

…중략…

당시의 산 이름은 청량산이 아닌 수산(水山)이었던 모양이다.

'수산연대사' 글씨가 있는 기와 조각.

『청량지』에 따르면 1766년 어떤 승려가 청량산 바위틈에서 작은 종을 발견했는데 종에는 '水山致遠庵'(수산치원암) 다섯 글자가 새겨져 있었다. 수산이란 이름이 청량산으로 바뀐 것 같다는 것이다. 수산의 금탑봉에 자리잡은 상청량암과 하청량암이 유명해지면서 산 이름도 뒷날 청량산으로 바뀐 것으로 보고 있다.

　김생은 굴속에서 글씨를 공부했지만 최치원은 청량산에 집을 지었다. 이 시에 따르면 요극일은 청량산을 찾아가 최치원과 이웃하여 살았다. 김생과 최치원의 소문을 듣고 요극일도 청량산에서 글씨 공부를 했던 모양이다. 신라의 명필 두 사람이 모두 청량산에서 기를 받은 것일까. 석천인의 시는 극일암 터가 치원암 곁이었음을 추정하는 근거가 된다.

　극일암 터에서 100m쯤 올라가면 오른쪽으로 총명수가 나타난다. 최치원이 마시고 총명해졌다는 샘물이다. 암벽 사이에 맑은 샘이 솟아 돌 위에 가득 고여 있다. 물 색깔이 맑고 맛은 달며 차다. 암벽 틈 아래 깊숙한 곳이다. 어른 팔 길이만한 국자로 물을 떠 한 모금을 마셨다. "크아~!." 이

최치원이 마시고 총명해졌다는 총명수.

물을 마시면 총명해지는 것은 몰라도 속이 시원해지는 것만은 틀림없다.

청량산에는 최치원과 관련된 흔적이 유독 많은 편이다. 치원암이 자리잡은 금탑봉은 일명 치원봉이라고 하며 이 봉우리를 중심으로 치원대 · 치원암 · 고운굴 · 안중암 · 풍혈대 그리고 총명수가 잇따라 있었다고 전해진다. 지금 남은 곳은 풍혈대와 총명수가 대표적이다. 주세붕은 치원암을 들른 뒤 "더욱 고운에 대한 생각이 났다"며 "아! 그때 그대에게 간사한 사람을 멀리하고 어진 사람을 가까이하게 하였다면 계림이라는 나뭇잎이 갑자기 누렇게 떨어지지는 않았을 것"이라고 적었다. 최치원이 고려 왕건에게 보낸 서한 중 '계림은 시들어가는 누런 잎이고 개경의 곡령은 푸른 소나무(鷄林黃葉 鵠嶺靑松)'라고 한 구절을 인용한 것이다.

안중암은 치원암 곁에 있었다고 전해진다. 이곳에는 작은 석상이 안치되어 있었는데 최치원이 청량산에 머물 때 밥을 지어 주던 노파의 상이라고도 하며 의상대사가 절을 창건할 때의 할미라고도 한다.

총명수 바위 벽면에도 온통 이름이 새겨져 있다. 홍우영 · 홍우서 · 홍계흠 등이다. 총명수 안쪽 바위에도 이장식이란 이름이 보인다. '沈星鎭 甲子暮春 以花山知 府來遊'란 글귀도 새겨져 있다. 새겨진 글씨가 모두 보통 솜씨가 아니다. 아마도 과거시험을 꿈꾸거나 준비 중인 선비가 물 한 모금을 떠 마신 뒤 최치원처럼 총명해지기를 기원하며 새겼을 것이다. 당시에는 산을 찾을 때 바위에

청량산을 찾은 조선시대 사대부 등은 바위에 이름 등을 새겼다.

어풍대에서 한눈에 내려다보이는 청량사 풍경.

글자 새기는 게 유행이었던 모양이다. 유산할 때 일행이 직접 글자 새기는 도구를 가지고 다녔거나 아니면 사찰의 누군가가 대신 새겨 주었을 것이다. 지금은 글자를 새기는 대신 바위틈에 작은 돌을 층층이 올려 두었다.

총명수와 치원암 터를 지나면 어풍대(御風臺)가 나타난다. 건너편으로 청량사가 한눈에 내려다보이는 금탑봉의 중층이다. 청량산을 찾은 수많은 선비와 사대부들이 자연을 음미하고 풍월을 구가한 곳이다. 퇴계 선생은 어풍대를 이렇게 노래했다.

지인이 변화에 신통하여	至人神變化
들어가고 나감에 구분이 없네	出入有無間
가볍게 신마를 몰고 다니다	冷然馭神馬
보름 만에 마침내 돌아왔다네	旬有五乃還
슬프다, 백인에게 들었다 해도	嗟哉聞百人
여름 벌레 추위를 알지 못하지	夏蟲不知寒
그대여, 이 대에 올라보시게	請君登此臺
아침 노을 먹는 것 쓸 데 없다네	不用朝霞餐

여기서 지인(至人)은 절대 자유의 경지에 이른 사람을 가리킨다고 한다. 퇴계는 『장자』 열어구(列禦寇, 고대 중국의 인물)의 이야기를 인용해 어풍대에 오르면 신선이 먹는다는 아침 노을을 먹을 필요도 없이 초탈의 경지에 이른다고 표현했다. 어풍대는 카메라를 준

비한 사람이면 누구나 사진을 찍고 지나가는 청량산의 뷰 포인트 1번지다. 6월 14일. 친구들과 청량산을 찾았을 때도 이곳을 그냥 지나치지 못해 모두 사진을 찍느라 바빴다. 그러나 청량사가 멀리 떨어져 있어 눈으로 보이는 아름다움을 살리기는 쉽지 않다. 카메라가 어찌 사람의 눈을 따라갈 수 있을까. 그냥 눈으로 즐기는 게 더 좋은 곳이다. 이곳 금탑봉 중층에는 어풍대와 함께 풍혈대 · 경유대 등이 이어져 이들 대에서는 기암절벽으로 장관을 이루고 있는 청량산의 연꽃 같은 봉우리와 연꽃의 꽃술에 자리한 청량사의 모습을 확인해 보는 것도 좋을 것이다.

#여섯
문수보살이 산다는 중국의 청량산

중국에도 청량산이 있다. 산시성에 있
는 청량산은 중국 불가에서 꼽는 3대 명산이다. 3대 명산이란 문수
보살이 상주한다는 청량산을 비롯해 보현보살이 있다는 아미산,
관음보살이 산다는 보타낙가산을 이른다. 636년 신라 자장율사(慈
藏律師 · 590~658)는 불법을 구하러 당나라 청량산으로 들어갔다.
자장율사는 그곳 문수보살 석상 앞에서 7일 동안 기도하며 보살로
부터 범어로 된 사구게를 받았다고 전해진다. 자장율사는 꿈을 꾼
다. 문수보살이 나타나 "동방에도 청량산이 있으니 거기서 나의 진
신을 보리라" 하고는 사라졌다. 자장율사는 귀국 길에 석가모니 진
신사리를 가져와 양산 통도사와 오대산 중대, 설악산 봉정암, 영월
법흥사, 정선 정암사에 나누어 모셨다고 한다. 이른바 5대 적멸보
궁이다. 자장율사는 중국 청량산과 산세가 유사한 백두대간의 오
대산을 청량산으로 여겼다. 그래서 문수보살의 말이 실현되기를

청량사(왼쪽)와 떨어져 있는 응진전(오른쪽) 모습. 맨 오른쪽은 요사채인 무위당.

바라며 오대산 도처를 다니며 기도했다고 전해진다. 청량산은 이처럼 이름부터 불교와 인연이 깊은 산이다. 자그마한 봉화 청량산에 수많은 사찰과 암자가 들어섰던 게 어쩌면 우연이 아닌지도 모른다.

청량산에 있던 숱한 절과 암자는 허물어져 사라지고 지금은 청량사 1곳만 남아 있다. 물론 골짜기 곳곳에 깨진 기왓장 등 흔적은 남아 있다. 청량사 입구에 세워진 안내판에는 청량산의 불교 관련 내력이 적혀 있다.

청량사가 위치한 곳은 경북 봉화군 명호면 북곡리이다. 청량산에는 원효가 우물을 파 즐겨 마셨다는 원효정과 의상대사가 수도했다는 의상봉·의상대라는 명칭이 남아 있는 것에서 알 수 있듯이 청량사를 중심으로 크고 작은 33개의 암자가 있어서 당시 신라 불교의 요람을 형성하였다고 한다.

청량사는 신라 문무왕 때 원효대사·의상대사가 창건하였다고 전해지며 송광사 16국사의 끝스님인 법장선사(1351~1428)가 중창한 고찰이다. 본전은 유리보전이며 금탑봉 아래 응진전은 683년 의상대사가 창건한 것으로 전해진다. 경상북도 유형문화재 제47호로 지정된 유리보전은 동방유리광세계를 다스리는 약사여래를 모신 전각이라는 뜻이다. 법당 안에는 약사여래불을 중심으로 왼쪽에 지장보살 오른쪽에 문수보살이 모셔져 있다. 약사여래불은 특이하게도 종이 재질을 이용한 지불(紙佛)로서 이곳에서 지극정성으로 기원하면 병이 치유되고 소원 성취의 영험이 있는 약사도량이다.

청량사는 법장선사 때부터 지금의 모습을 띠게 된 것이다. 퇴계 이황의 후손인 이세택(1716~1777)은 조선 후기에 쓴 『청량지』에 당시 남아 있었거나 전하는 청량산의 절과 암자 23곳을 소개한다. 당시에는 절과 암자 8곳이 남아 있었고 나머지는 이름과 간단한 내력, 위치를 기록하고 있다. 『청량지』에 전해지는 청량산의 절과 암자를 옮겨둔다. 이 기록만 봐도 청량산을 왜 불가의 산으로 부르는

지 짐작할 수 있을 것이다.

□ **연대사(蓮臺寺)**   본래 자소봉 아래에 있었다. 청량산의 최
고 명당으로, 앞에는 작은 누가 있고 금탑
봉의 층벽과 마주하고 연화봉이 그 오른쪽
에 있으나 절이 오래되어 무너져서 1755
년 건륭 을해년(영조31)에 골짜기 아래로
옮겨 지었다. 지금은 불전 하나가 옛터에
우뚝 서 있다.(이 불전이 현재 청량사 유리
보전으로 추정된다.)

□ **백운암(白雲庵)**   자소봉 아래에 있다. 벼랑바위가 우뚝 솟
아올라 흙을 이고 층을 이루었는데, 그 위
는 평평하고 넓으며 여러 암자 중 가장 높
은 곳에 있다. 퇴계 선생이 어릴 때 '백운
암기'를 지었는데 주세붕의『유청량산록』
에 '기문을 읽으니 진실로 유부지작'이라
한 것이 이것이다. 암자는 오래되고 허물
어져 수십 년 전에 이광정이 승려에게 권
하여 중창하였으나 얼마 못가 무너졌다.
지금은 옛 터만 남았는데, 승려가 작은 초
가를 지으려 한다고 하였다.

□ **청량암(淸凉庵)**   외청량의 동석(動石) 아래에 있다. 앞은

천 길 절벽이 임해 있고 뒤는 석봉이 층을 이루고 있으며, 아주 고요하여 머물러 쉬면서 책을 읽을 만하다. 신라시대 오래된 사찰로 상·하 두 절이 있는데, 지금은 훼손되고 하나의 작은 암자만 남아 있을 뿐이다. 암자 앞에 대가 있는데 주세붕이『유청량산록』에 '나중에 경유대라 부르리라' 농담 삼아 읊은 것이 이것이다.

□ **치원암(致遠庵)** 금탑봉 아래 총명수 옆에 있다. 암자의 모양이 정묘하다. 벽 위에 퇴계 선생이 어렸을 때 이름을 써 놓은 게 있었다.

□ **안중암(安中庵)** 치원암 곁에 있다. 작은 석상이 안치되어 있는데, 전해지는 말로는 최치원이 이 산에 머물 때 밥을 지어 주던 노파의 상이라고 한다. 또 의상대사가 절을 창건할 때 할미라는 이야기도 있다. 믿기 어렵다.

□ **만월암(滿月庵)** 백운암 아래 만월대 옆의 층벽에 있다. 퇴계의 형인 온계 이해가 어릴 때 독서하던 곳으로 벽에 암자의 이름을 써 놓았다.

□ **문수암(文殊庵)** 자란봉 아래 양쪽 벽 사이에 있다. 1755년 건륭 을해년(영조31)에 축융봉 아래로 옮겨 짓고, 남암(南庵)이라 고쳐 불렀다.

□ **연화암(蓮花庵)** 일명 지장암(地藏庵)이다. 자소봉 아래 옛
날 연대사의 왼쪽에 있다. 그윽한 곳인데
지금은 대사가 학승을 모아 불경을 익히고
설법을 한다는 말이 있다.

□ **훼손되어 없어진 암자**

관음암(觀音庵)   선학봉 아래에 있었다.

보현암(普賢庵)   자란봉 아래 중대 위에 있었다. 앞에 큰
돌이 있어 앉아 완상할 만하다. 암자는 훼
손되어 지금은 없다.

의상암(義湘庵)   연화봉 아래에 있었다. 의상이 머물렀다고
한다.

금강암(金剛庵)   장인봉 아래 금강굴 속에 있었다.

대승암(大乘庵)   경일봉 아래에 있었다. 상·하 두 암자가
있었는데, 모두 훼손되고 지금은 없다.

중대암(中臺庵)   자란봉 아래 보현암 앞에 있었다.

몽상암(夢想庵)   선학봉 아래에 있었다. 옆에 폭포가 있는데,
암자는 훼손되고 지금은 없다.

원효암(元曉庵)   원효봉 아래에 있었다. 원효가 머물렀다
고 한다. 중간에 몽상암 옆으로 옮겨졌다.
주세붕의『유청량산록』에 '몽상암에서 돌
로 만든 잔도를 거쳐 원효암에 오르자면

앞사람이 뒷사람의 정수리를 보고 뒷사람
이 앞사람의 발을 보고, 배와 등이 모두 출
렁거린다'고 한 것이 이것이다.

사자암(獅子庵)	선학봉 아래에 있었다.
진불암(眞佛庵)	연대 앞에 있었다. 곁에 폭포가 있고 뒤는 절벽이다.
극일암(克一庵)	금탑봉 아래에 있었다. 풍혈이 그 뒤에 있다.
자비암(慈悲庵)	연화봉 아래에 있었다.
보문암(普門庵)	자소봉 아래에 있었다.
고도암(古道庵)	연대사 옆에 있었다. 벽 위에는 고도선사 상이 있었다는데, 송재 이우의 시에 '한 번 죽은 몸 푸른 벽에 남았네'라는 것이 이를 가리킨다. 암자는 훼손되고, 지금은 없다.
별실암(別室庵)	자소봉 아래에 있었다.

3장
공민왕의 산

#하나
청량산으로 들어간 공민왕

930년 고려 왕건은 대군을 이끌고 개경을 떠나 소백산 죽령을 넘어 고창군(지금의 안동)으로 이동했다. 후백제 견훤이 고창을 포위하고 있었기 때문이다. 왕건에게 고창은 경상도로 나아가는 교두보였다. 절대 잃으면 안 될 지역이었다. 고창을 빼앗기면 경상도를 잃는 거나 마찬가지였다. 왕건은 죽령을 넘으면서 패배할지 모른다는 불안감에 시달렸다. 927년 동수(팔공산)전투에서 견훤에게 대패해 이제 막 세운 고려의 국운은 위태로운 지경이었다.

겨울 아침 왕건 군대는 고창군 병산(甁山)에서 견훤 군대와 맞닥뜨렸다. 두 군대가 떨어진 거리는 불과 500보였다. 일촉즉발! 마침내 양 진영의 선봉장이 칼을 빼들자 전투가 시작되었다. 고려의 맹장 유금필이 앞장서 돌격했다. 칼이 불을 뿜었다. 접전이었다. 하지만 어느 쪽도 상대를 제압하지 못하는 형세였다. 그때였다. 한 무리의 병력이 견훤 군대의 측면을 공격했다. 고창성 안에 있던 성주 김선평(金宣平)

과 호족 김행(金幸), 장정필(張貞弼, 처음 이름은 張吉), 장정들이 왕건을 돕고 나선 것이다. 927년 견훤이 신라의 수도 서라벌을 공격해 경애왕을 자진(自盡)케 하고 왕비를 겁탈하는 만행을 전해들은 뒤였다. 견훤 군대는 졸지에 협공을 당했다. 이윽고 견훤 군대는 퇴각하지 않을 수 없는 상황에 이른다. 고려의 승리였다. 안동 사람들이 후삼국 통일을 놓고 견훤과 패권을 다투던 왕건에게 힘을 몰아 준 것이다.

더불어 성주 김선평은 고창을 들어 고려에 바치니 왕건은 나라의 터전을 더 군건히 할 수 있었다. 935년에는 신라의 경순왕 또한 무고한 백성의 참혹한 죽음을 피하겠다며 투항한다. 왕건은 여세를 몰아 후삼국을 통일했다. 936년 고려 태조 왕건은 고창군을 '안어대동(安於大東)'이라 칭하며 안동부(安東府)로 승격시킨다. 또 김행에게는 권(權)씨 성을 내렸다. 훗날 세 사람은 태사로 추증됐고, 삼태사는 안동김씨 · 안동권씨 · 안동장씨의 시조가 된다.

지금도 안동시내 한복판에는 이들 삼태사를 모신 사당인 태사묘가 남아 있다. 안동에 전해 내려오는 차전놀이도 바로 왕건군과 견훤군의 당시 전투를 형상화한 민속놀이다. 태사묘에는 그래서 차전놀이의 동채도 함께 보관되어 있다.

고려와 안동의 인연은 이후 김방경(金方慶) 장군의 활약으로 이어진다. 안동 출신 김방경은 원나라 지배 때 여몽연합군이 일본을 정벌할 때 고려군 지휘관으로 활약한다. 충렬왕 7년(1281) 5월 김방경 등은 일본으로 출정해 일본군 300여 명을 사살한다. 그러나 몽고군은 폭풍을 만나 일본군에 크게 패한다. 이 무렵 충렬왕은 전

고려 왕건과 후백제 견훤의 병산전투를 형상화한 안동 차전놀이.

황을 파악하고 장졸을 격려하기 위해 수도 개경을 떠나 남쪽으로 내려갔다. 왕은 안동에서 전황을 보고받고 이곳에서 머물다 개경으로 환도했다. 학자들은 당시 충렬왕이 안동에 머문 기간을 30일 정도로 추정한다. 『고려사』는 김방경이 안동 행궁으로 충렬왕을 찾아간 사실을 기록하고 있다. 몽고의 술인 소주가 안동 땅에 전해진 것도 이 시기로 보인다. 증류주인 40도 안동소주도 여기서 유래한다. 안동소주 전시관에는 이런 내력이 기록되어 있다.

　안동은 고려 말기인 공민왕(1330~1374) 대에 들어 다시 한번 고려와 깊은 관계를 맺는다. 공민왕은 홍건적의 난을 피해 개성에서 안동으로 몽진(蒙塵·임금이 난리를 피하여 안전한 곳으로 떠남)한 것이다. 지금으로부터 650여 년 전 공민왕은 홍건적의 2차 침입을 피해 안동에서 70일 동안 머물렀다. 안동은 이때 고려의 임시수도나 다름없었다. 공민왕은 이곳에서 전열을 정비해 파죽지세와 같은 홍건적을 물리쳤다.

여기서 역사의 수수께끼가 던져진다. 안동으로 피신한 공민왕이 절체절명의 위기에서 최후의 보루를 마련한 곳은 어디일까. 전시인 만큼 왕의 일거수일투족은 비밀에 붙여졌을 것이다. 그래서 『고려사』에도 관련 기록은 전하는 게 없다. 대신 복주(福州·안동의 옛 지명)의 속현인 재산현에 속해 있던 청량산에 공민왕이 머물렀음을 암시하는 숱한 이야기가 전한다. 물론 공민왕이 청량산에 왔다는 구체적인 기록은 전하지 않고 있다. 하지만 청량산은 삼국시대부터 군사적 요새였으며 공민왕이 최후의 보루로 삼을 만한 천혜의 지리적 요건을 구비하고 있었다. 청량산 축융봉 일대에는 공민왕과 관련된 유적도 많이 남아 있다. 공민왕 때 쌓았다는 산성의 흔적이 지금도 남아 있으며, 공민왕이 군율을 어긴 죄수를 처형했다는 밀성대, 공민왕이 다섯 마리 말이 끄는 수레를 타고 순찰을 다녔다는 오마도 등이 있다. 청량산은 그랬다면 나라의 존망을 앞에 두고 왕이 전쟁을 지휘하는 사령부나 다름없었을 것이다. 국난 극복의 보루가 된 것이다. 공민왕과의 이런 인연은 유적 이외에 청량산 일대에 오늘날까지 공민왕 신앙으로도 남아 있다. 청량산 골짜기와 마을에는 공민왕과 가족의 사당을 짓고 600년이 지난 지금까지 공민왕을 모시고 동제를 지낸다. 청량산은 그래서 공민왕의 산이다.

#둘

공민왕 신위는 청량산을 지키고

해발 600m. 청량산 자락을 정월 대보름 날(음력 1월15일) 자정에 맞춰 해마다 오르는 주민이 있다. 산 아래 청량골에서 태어나 지금도 그곳에서 살고 있는 이희조(69)씨가 주인공이다. 2014년에도 이씨는 2월 13일 밤 11시 산을 올랐다. 산속의 밤은 깜깜하다. 이날 기온은 영하 5도. 산길은 발목까지 눈이 쌓여 평소보다 오르기가 힘들었지만 손전등을 들고 한 발 한 발 걸음을 뗐다.

꼭대기에는 고려 31대 공민왕을 모신 사당이 있다. 이름하여 광감전(曠感殿). 사당의 문을 열면 벽면에 여의주를 입에 문 두 마리 용 그림이 그려져 있다. 용은 임금을 상징한다. 그림 앞에 '恭愍王神位(공민왕신위)'라 적힌 위패가 봉안돼 있다. 위패의 단정한 글씨가 왕의 위엄을 보는 듯하다. 이씨는 여기서 650여 년 전 청량산에 머물렀던 공민왕께 청량골의 안녕과 화합을 비는 동제를 지낸다. 공민왕당 왼쪽에는 산신을 모시는 산신각이 있다. 산신각의 벽

청량산 축융봉 공민왕당에 모셔진 공민왕 신위.

면에는 산신령과 호랑이 그림이 그려져 있다.

공민왕당은 오랜 세월 풍상에 훼손되었다가 '유교문화권관광개발사업'의 일환으로 2007년 3월 봉화군이 원형에 가깝도록 정비했다. 공민왕당은 지붕이 한동안 슬레이트로 덮여 있어 보기 민망할 정도였다.

동제를 지내는 제관은 30년 전만 해도 10여 명이 됐다. 당시에는 갓을 쓰고 도포 차림으로 제사를 올렸다. 또 정월 대보름과 백중(음력 7월15일) 등 1년에 두 차례 지내는 동제의 비용을 충당하는 밭 한 뙈기도 따로 있었다. 공민왕당 바로 아래 산성마을에 주민이

주민들은 지금도 정월대보름과 백중에 공민왕 동제를 지낸다.

거주할 때는 청량골의 제관은 빈손으로 올라가 제사를 지내기도
했다. 산 중턱 산성마을 주민들이 제물을 준비해 제사상을 차렸기
때문이다. 이제 산성마을 집 대부분은 비어 있고 몇몇 집은 폐가가
돼 버렸다. 12가구 중 4가구만이 남았다. 그동안 제사를 지내온 어
른들은 돌아가시거나 병석에 누웠고 이제는 주민 이씨와 권순덕
(45)씨 두 사람이 동제의 명맥을 이어가고 있다.

이씨는 "청량골에 터잡은 증조부 이래로 제사를 지냈으니 몸
을 움직일 수 있는 한은 모시는 게 도리"라며 "아직까지 한 번도 그
냥 지나간 적은 없다"고 말했다. 4년 전부터는 다행히 대학을 나
와 봉화군청에 들어간 아들 상윤(31)씨가 동행하고 있다. 5대를 잇

게 된 것이다. 올해는 권순덕씨도 친구를 데려와 제관만 8명이 됐다. 이들은 자정 무렵 제사를 지낸 뒤 소원을 비는 종이를 태웠다. 상윤씨는 "TV 사극 '정도전'에서 다시 공민왕을 만나 감회가 남달랐다"며 "공민왕은 지금도 주민들 마음 속에 살아 있다"고 말했다. 청량산 사당에 모셔진 공민왕은 대체 어떤 인물일까.

공민왕은 1330년(충숙왕17)에 태어나 열두 살의 나이로 원나라에 불려가 10여 년간 머물다 1351년(충정왕3) 왕위에 올랐다. 그의 나이 스물두 살 때다. 즉위 후 그는 과감한 반원정책을 단행하는 개혁군주의 면모를 보인다. 1356년(공민왕5) 5월 공민왕은 기철·권겸·노책을 반역을 꾀했다는 죄로 처단한다. 기철은 원나라에 공녀(貢女)로

공민왕이 쓴 '안동웅부' 편액.

보내졌다가 황후가 된 기 황후의 오빠이다. 권겸은 기 황후의 아들인 원나라 황태자의 장인이다. 또 노책은 딸을 원나라 순제에게 바쳤다. 세 사람 모두 원나라 황실의 일족이 되어 고려에서 최고의 권력을 누리던 인물이다. 공민왕은 세 사람과 그 일족을 처단하는 것을 신호탄으로 반원 개혁의 고삐를 다잡는다. 같은 해 6월 공민왕은 인당에게 군사를 주어 압록강 이동 · 이서 지역의 원나라 역(驛) 8곳을 공격하게 한다. 7월에는 쌍성총관부를 점령함으로써 약 100년 만에 원나라에 빼앗긴 함경도 일대인 동북지역을 고려 영토로 편입시킨다. 또 원나라가 일본 원정을 위해 고려에 설치한 정동행성도 폐지한다. 몽고풍을 일소하고 고려의 자주성을 회복하는 데도 애를 썼다. 이밖에 그림과 글씨, 거문고를 가까이 한 문무를 겸비한 군주이기도 했다. 특히 글씨는 당시 유행하던 송설체에 능해 '安東雄府(안동웅부)'와 부석사의 '無量壽殿(무량수전)' 등 편액을 남겼다.

그러나 공민왕을 더욱 유명하게 만든 것은 원나라 위왕의 딸 노국공주와의 애절한 사랑 이야기다. 생전에 두 사람은 사랑이 지극했지만 자식을 얻지 못해 늘 애를 끓였다. 노국공주가 죽은 뒤 공민왕이 동성애에 빠져들어 미소년과의 탐닉 속에 처참히 죽어간 것도 이와 무관하지 않다. 1374년 공민왕은 재위 23년 만에 시해를 당하면서 45세로 극적인 생애를 마쳤다. 성공과 실패, 희망과 절망을 동시에 보여 주는 일생이다.

공민왕은 지금 북한 개성에 잠들어 있다. 공민왕릉은 쌍릉으로 공민왕이 묻힌 현릉(玄陵)과 노국공주가 묻힌 정릉(正陵)으로 구성

개성 화장사에 있다가 6·25 때 불탄 공민왕 초상화.

되어 있다. 12개의 병풍돌이 봉분을 둘러싼 고려 최대의 왕릉 중 하나다. 공민왕은 조선 왕조에서 긍정적인 평가를 받았다. 조선의 왕실 사당인 종묘에 공민왕 신당이 있는 것만 봐도 그렇다. 신당 안에는 공민왕과 노국공주가 마주보고 있는 영정이 봉안돼 있다.

무슨 까닭일까. 조선을 건국한 이성계는 고려 공민왕 때 처음 관직에 나아갔고, 북벌을 단행할 때 주도적인 역할을 했다. 또 조선 은 공민왕까지를 고려 왕실의 정통성이 있는 왕으로 받아들였다.

조선은 초기에 공적이 큰 고려의 8왕에게 제사를 지냈다고 한다. 8왕은 태조와 혜종 · 성종 · 현종 · 문종 · 충경왕(원종) · 충렬왕 · 공민왕이다. 공민왕은 비극적 최후를 마치고도 고려의 8왕으로 조선에서도 추앙 받은 극적 인물인 것이다.

청량산 인근 백성들이 공민왕의 원혼을 기리는 사당을 짓고 마을의 안녕을 빈 것도 조선 왕실의 이런 분위기가 작용하지 않았을까. 공민왕은 그렇게 청량산의 수호신으로 자리 잡아 간 것이다.

#셋

얼어붙은 압록강을 건넌 10만 홍건적

14세기 중엽 원(元)나라는 황제 계승권을 둘러싸고 쟁탈전이 거듭되었다. 1307년부터 1332년까지 26년간 무려 황제 8명이 바뀌었을 정도다. 혼란 속에서 지배층은 매관매직을 일삼고 백성들에게 과중한 세금을 매겼다. 원나라 순제(順帝) 때는 해마다 흉년이 들어 길가에 굶어 죽은 백성이 늘어나고 사람들이 서로 잡아먹는 일까지 벌어질 정도였다. 견디다 못한 농민들은 1340년 들어 산발적으로 항쟁을 벌였다. 이런 움직임은 14세기 후반 대규모로 조직된 홍건적(紅巾賊)으로 변모한다.

홍건적은 중국 중원(中原)에서 이민족 왕조인 원의 지배를 무너뜨리고 한(漢)민족 왕조를 세우자며 만든 농민 반란세력이다. 중심세력은 백련(白蓮)·미륵(彌勒) 교도다. 이들은 붉은 천조각으로 머리를 싸매어 동지의 표지로 삼아 홍건적으로 불렸다.

홍건적은 공민왕 4년(1355)에는 허난성(河南省)·산시성(山西

省) · 산시성(陝西省) 등지로 세력을 확장하더니 일부는 급기야 만주 지역으로 진출한다. 원나라는 대대적인 토벌에 나섰다. 홍건적은 원군의 반격으로 진퇴양난의 궁지에 몰렸다. 그때 떠오른 게 원나라 속국 고려였다. 홍건적은 위기를 벗어나기 위해 압록강을 건너 고려로 진입을 시도했다.

고려에는 비상이 걸렸다. 공민왕은 1357년 김득배를 서북면홍두군왜적방어도지휘사로 임명해 국경지역 방어를 강화했다. 하지만 같은 해 12월 홍건적은 4만여 명이 얼어붙은 압록강을 건너 의주와 정주 · 인주 · 철주를 차례로 점령했다. 고려군은 대반격에 나섰다. 1360년 홍건적 2만여 명의 목을 베고 패잔병을 압록강 너머로 내쫓았다. 원나라도 대군을 동원했다. 원군은 만리장성 이북에서 대대적으로 홍건적을 포위하며 공세를 펼쳤다.

운명은 여기서 꼬였다. 홍건적은 퇴로를 차단당하자 다시 고려로 방향을 틀었다. 1361년(공민왕10) 10월 20일 다시 홍건적 10만이 얼어붙은 압록강을 가로질러 고려로 쳐들어왔다. 2차 침입이다. 홍건적은 파죽지세로 남하했다.

최영 장군 등은 "도성을 버려서는 안된다"고 개경 사수를 주장하고 나섰다. 결국 조정은 남행을 결정하기에 이른다. 11월 19일 공민왕 일행은 수도 개경 숭인문을 나와 파주-이천-충주로 남행을 재촉했다. 도착하는 지역마다 관리와 백성들은 인근 산성 등지로 도망쳐 대피하고 없었다. 고을마다 책임자 한둘이 남아 왕을 초라하게 맞이하는 게 전부였다. 몽진은 고생길이었다. 공민왕은 입고 있던 옷이 눈비에 젖어 얼어붙으면 모닥불을 피워 놓고 옷을 말려야 하는 형편이었다. 일행은 문경새재를 넘고 예천과 용궁을 지나 12월 15일 한 달여 만에 안동에 다다랐다.

　공민왕 일행은 안동에 도착하기 직전 다리가 없는 송야천에 이르렀다. 한겨울 냇물은 한기가 돌았다. 이때였다. 젊은 아녀자들이 서로 등을 잇대어 인교(人橋)를 만들어 왕비인 노국공주 일행을 건너게 했다. 안동에 전해지는 민속놀이 놋다리밟기의 연원이기도 하다. 그리고 왕을 맞이하는 깃발이 등장하고 관복을 입은 사람들이 나와 어가를 정중히 모셨다. 공민왕 일행이 그동안 지나온 곳과 달리 안동은 입구부터 따뜻하게 영접한 것이다. 또 일행이 안동에

안동 아녀자들이 노국공주를 위해 인교를 만든 사실을 형상화한 놋다리밟기.

도착했을 때는 목사(牧使)와 토호들이 주민들과 합심해 공민왕을 보위하고 필요한 지원을 아끼지 않았다. 안정을 찾은 공민왕은 안동의 북쪽 청량산으로 들어가 대반격을 도모했을 것이다. 공민왕은 전국의 병사를 규합해 20만 대군을 조직한다. 그리고는 총병관 정세운에게 명령을 내렸다. "북쪽으로 치고 올라가 개경의 홍건적을 포위하라!"

1362년 1월 17일 고려 군대가 마침내 진격해 개경을 포위했다. 공민왕은 2월 개경으로 출발한다. 홍건적은 공민왕이 안동에서 민심을 수습하고 군대를 독려해 대군을 조직한 사실을 알아채지 못했다. 고려의 회심에 찬 일격에 홍건적은 오합지졸이 됐다. 대부분

환도한 공민왕은 몽진 때 시름을 달래 준 낙동강 누각에 '영호루'라고 써 보냈다.

의 홍건적은 도성에서 죽었다. 북으로 도망치던 무리들 상당수도 고려군의 추격에 맥없이 쓰러졌다.

국난은 수습됐다. 공민왕은 개경으로 환도한 뒤 안동에 대한 고마움을 잊지 않았다. 안동으로 옥대와 옥관자 등 귀중품을 하사했다. 당시 하사한 물품 중 일부는 지금도 안동 태사묘 보물각에 보관되어 있다. 또 개경으로 환도한 뒤에는 복주목을 안동대도호부로 승격시키는 한편 조세를 면제하는 조치를 취한다. 또 "이 고을이 나를 다시 일으켜 세웠도다"면서 자신의 시름을 달래 준 낙동강의 누각에 '映湖樓'(영호루)라는 편액을 써서 걸게 했다.

홍영의 개경학연구소장은 "이런 인연으로 안동은 공민왕의 개경 환도 이후 왕실의 각별한 관심을 받으며 경제와 문화의 중심지로 성장할 수 있었다"며 "이런 물적 기반은 학문적 토대를 이루어 수많은 문인을 배출하고 성리학을 수용하는 밑거름이 되었다"고 말한다.

다섯 마리 말이 끈 오마도엔 수달래가

청량산 도립공원의 동쪽 끝은 오마도
(五馬道)터널이다. 터널 벽면 양쪽에는 김생과 봉녀의 설화, 퇴계 이

산성으로 이어지는 오마도 아래로 난 오마도터널.

공민왕의 오마도 행차를 형상화한 오마도터널 벽화.

황 선생, 그리고 공민왕과 노국공주의 이야기가 벽화로 그려져 있
다. 오마도 그림이 특히 흥미롭다. 칼을 든 호위무사들이 앞장을 서
고 그 뒤에 힘센 장수가 말 고삐를 잡은 채 이름 그대로 다섯 마리
말이 공민왕이 탄 수레를 끌고 가는 모습이다. 금방이라도 말발굽
소리가 들려올 것만 같다.

터널 옆으로 난 계단을 따라 산을 오르면 북쪽으로 오마도 길
이 나타난다. 오마도는 지금 다섯 마리 말이 끄는 수레가 지나갈
만큼 널찍한 길은 아니다. 현재는 등산객이 다닐 정도의 작은 능선
길이다. 오마도는 공민왕이 쌓았다는 오마도산성 위로 난 길이다.

오마도산성에 남은 장군의 지휘소인 장대 흔적.

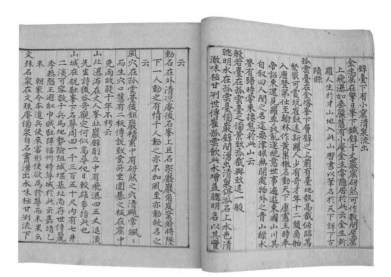

1812년 이만철이 이세택의 『청량지』를 전사한 책.

자연 지세를 활용한 토성을 따라 3㎞ 정도 이어진다.

5월 3일. 오마도를 따라 걸었다. 6개월간 휴식년을 보낸 오마도는 인적이 끊겨 낙엽이 수북하게 쌓였다. 산을 덮은 참나무는 봄을 맞아 연푸른 잎으로 갈아입고 있었다. 군데군데 장군의 지휘소였다는 장대(將臺)와 성문터, 돌로 쌓은 성의 흔적이 보인다. 중원문화재연구소의 발굴조사에 따르면 오마도산성은 산봉우리와 능선을 이용해 만들어졌다. 지세는 절벽에 가까울 정도로 가파른 곳이 많은데 정상부를 손질해 너비 7~10m의 성벽이 만들어졌다고 한다. 산성의 규모와 형태는 김홍기가 『청량지』에서 '산 능선 주위 40여 리에 돌아가며 길을 만들어 말 다섯 마리가 함께 달릴 만하다'고 적었다. 물론 이곳으로 말 다섯 마리가 실제 달렸는지는 알 길이 없다. 현재는 오마도가 있는 능선 대부분이 한 사람이 다닐 수 있는 정도며, 7~10m 너비 길은 일부 구간에 지나지 않는다. 그런 구간도 이어지는 길이가 500m 미만인 곳이 대부분이었다.

지금 오마도는 좁은 길이 되었지만 나무가 서 있는 등산로 양 옆까지 당시 길이었다면 다섯 마리 말이 끄는 수레가 지나갈 수도 있을 것이다. 어쨌든 공민왕은 이곳을 순찰하며 언제 들이닥칠지 모를 홍건적에 노심초사하며 황망히 산 아래를 내려다봤을지 모른다. 역사를 떠올리면 지금도 긴박감이 느껴진다.

오마도는 청량산의 동쪽 끝에 위치한 데다 눈길을 끄는 유적이나 암자 같은 게 없어 비교적 한적한 길이다. 거기다 푹신푹신한 흙길로 걷기가 편하다. 산길을 걸으며 조용히 사색하기에 더없이

5월이면 오마도 주변에는 분홍색 수달래가 흐드러지게 핀다.

좋은 곳이다.

오마도엔 분홍색 수달래가 흐드러지게 피어 있었다. 벌써 떨어져 뒹구는 꽃잎도 있고⋯. 수달래의 꽃말은 신념이다. 공민왕과 군사들이 청량산에서 고려의 사직을 지키기 위해 필요했던 것은 오직 믿음 하나였을 것이다. 오마도는 3.4*km*를 걸어가면 사람들이 많이 찾는 자소봉으로 이어진다.

청량산에는 산성의 흔적이 꽤 여러 곳에 남아 있다. 오마도산성 이외에 공민왕산성과 청량산성 등이 더 있다. 청량산은 예로부터 군사적 요새였다. 이곳은 천연 요새로서 지형적 요건을 두루 갖춰 삼국시대부터 신라와 고구려가 서로 영토를 빼앗기 위한 각축장이 되었다. 서쪽으로는 낙동강 물줄기가 휘감아 돌고 천길 낭떠러지 험준한 바위산이 둘러싼 지세가 외부의 침입을 방어하기에 유리한 조건이었다.

청량산의 산성은 산 전체를 감싼 형태다. 동문지가 있었다는 밀성대 아래에서 축융봉을 거쳐 구축된 공민왕산성과 경일봉에서 선학봉을 지나며 형성된 청량산성이 있었다고 한다. 여기에 축융봉과 경일봉을 잇는 오마도로 불리는 오마도산성이 공민왕산성과 청량산성을 이어주는 역할을 했다는 것이다.

안동대 민속학과 배영동(54) 교수는 "오마도산성은 재산 쪽에서 침입해 오는 외적을 방어하면서 청량산성과 공민왕산성을 연결하는 도로 기능을 한 것으로 보인다"고 말한다. 또 이들 산성은 축성법이나 성터에서 나온 유물로 보아 공민왕이 2차 홍건적의 난을 피해 몽진해 왔을 때 처음 축조되었다기보다 삼국시대부터 있던 산성을 다시 쌓은 것으로 보고 있다. 산성은 주변에서 비교적 구하기 쉬운 돌이나 흙으로 성벽을 쌓은 석성이나 토성이다.

청량산의 남쪽 축융봉 가는 길에는 공민왕산성이 남아 있다. 길은 청량산 도립공원 안 산성입구에서 시작된다.

3월 30일. 비가 내린 뒤 구름이 낀 날 산성 길을 올랐다. 계곡은 간밤에 내린 20mm 비로 요란한 소리를 내며 물을 넉넉히 내려 보내고 있었다. 청량산은 물이 귀한 산이다. 계곡 가득 물이 흘러내려가

축융봉으로 이어지는 2008년 복원된 돌로 쌓은 공민왕산성.

공민왕이 군율을 어긴 군졸을 처형했다는 밀성대에 세워진 '밀성루'.

다가도 하루 이틀 지나면 언제 물이 흘렀냐는 듯 바닥을 드러낸다. 산성을 오르니 주춧돌 같은 큼직한 돌들이 능선을 따라 짜 맞추듯 쌓여 이어진다. 너비는 3~4m. 산성의 성벽은 2004년부터 2008년까지 5년에 걸친 대대적인 공사 끝에 복원됐다. 산성 위로 널찍하게 뻗은 길은 로마의 대리석 마차 길을 걷는 기분이다. 산성 옆으로 노란 산수유가 막 망울을 터뜨리고 있다. 독경 소리가 길 건너편 청량사에서 들려온다. 낭랑하다. 산속에서 들리는 소리라고는 독경 소리와 계곡의 물 흐르는 소리, 새 소리뿐이다. 성벽의 높이는

2~3m. 암벽이 있는 곳은 그대로 성곽의 일부가 되어 있다.

성벽을 따라 올라가면 건너편으로 응진전이 한눈에 들어오는 깎아지른 절벽이 나타난다. 그곳에 청량산의 역사나 자연과는 잘 어울리지 않는 현대식 콘크리트 누각이 한 채 서 있다. 밀성대(密城臺)에 세워진 밀성루(密城樓)다. 밀성루라는 글자를 초서로 흘려 쓴 데다 안내문도 세워지지 않아 처음 그곳을 지나면 무슨 누각인지 고개를 갸우뚱거리기 십상인 곳이다. 건너편 금탑봉 아래 응진전에서 바라보면 이 누각의 풍경이 그렇게 환상적일 수 없었는데….

밀성대에서 반대로 건너편을 바라보니 응진전 뒤로 차례로 버티고 선 연적봉 · 탁필봉 · 자소봉 등 봉우리들이 하늘과 맞닿아 있다. 장관(壯觀)이다. 조선의 선비들이 왜 경쟁하듯 청량산을 찬미했는지 그 이유를 알 것만 같다. 밀성루가 세워진 밀성대는 자동차 수십대는 세울 수 있을 만큼 널찍한 공간이다.

여기서 우리 고건축에 자주 등장하는 누(樓)와 대(臺)는 어떻게 다른지 한번 짚고 넘어가야 할 것 같다. 누와 대는 모두 중국에서 유래한 건축 용어이다. 간략히 정리하면 누는 비교적 규모가 크고 공적인 성격이 강할 때 붙여진다. 관공서의 행사나 연회용으로 쓰이고 멀리 살핀다는 뜻도 들어 있다. 서울 경회루나 진주 촉석루, 안동 영호루 등을 떠올리면 된다. 물론 밀성루는 최근에 지어 이런 성격과는 거리가 있다. 이에 비해 대는 두 가지 용도로 쓰인다. 방이 없고 높이 쌓아올린 건물을 가리키기도 하고, 또 하나는 건축물이 아닌 경치를 조망하기 좋은 그냥 높고 평평한 축대를 일컫는다.

대가 건물일 때는 누처럼 멀리 조망하는 기능이 주가 된다. 건축물
로는 강릉 경포대가 대표적이며, 청량산에 있는 밀성대·어풍대·
풍혈대 등은 후자에 해당한다.

누보다 규모가 작아지면 대체로 정(亭)이 된다. 누가 공적인 공
간에 가깝다면 정은 사적인 공간이다. 예천의 초간정 같은 것이다.
하지만 누와 정의 구분이 엄격한 것은 아니어서 서로 혼용되기도
한다. 재(齋)는 이들과 성격을 달리한다. 마음을 가다듬고 정성을
드리는 공간이다. 제사를 지내거나 세상에서 물러나 학문을 닦고
수양하는 곳이라는 뜻을 담고 있다. 누와 정이 개방적이라면 재는
폐쇄적이고 소박한 편이다. 또 헌(軒)은 그냥 작은 집의 뜻으로 쓰
인다. 이밖에도 당(堂)·사(舍)·청(廳) 등이 쓰이는데 이는 엄격하
게 구분하기보다 그때그때 건물 주인의 지향하는 바에 따라 정해
진다.

다시 밀성대 이야기로 돌아가자. 밀성대 벼랑에는 슬픈 이야기
가 전해진다. 공민왕이 청량산에 머물 때 명령을 듣지 않는 군졸이
나 백성들을 밀어서 처형했다는 곳이다. 낭떠러지 가까이 가기만
해도 당시의 처절함이 느껴진다.

전국의 명산을 유람하며 많은 시문을 남긴 조선 후기 학자 박
종(1735~1793)은 1780년 8월 청량산을 둘러본 뒤 남긴 '청량산유
람록'에 주민이 전하는 밀성대의 전설을 적고 있다. "산의 남쪽 비
탈에는 옛 궁궐 터가 있고, 그 아래에는 천 길 절벽이 있습지요. 고
려 왕이 피난 중에 죽일 만한 죄인이 있으면 형법에 따라 벌을 주

공민왕당 아래 산성마을에 남아 있는 폐가.

지 않고, 곧장 이 절벽에서 던져 버렸지요. 절벽 아래에는 지금도 백골이 쌓여 날씨가 흐리거나 비라도 내리는 날에는 귀신의 곡소리가 들린답니다." 이야기 속 혼백을 위로하는 구조물이라도 세우면 어떨까 하는 생각이 든다.

김홍기의 『청량지』에는 공민왕산성의 규모를 짐작케 하는 대목이 나온다. "산성은 축융봉 동쪽에 있으니 석축의 둘레가 1350 척이고 중간에 7개의 우물과 2개의 계곡이 있어 수천 병마를 수용할 수 있다. 지세가 험하고 막혀서 병사 한 사람이 백 사람을 당할수 있다." 이 기록만으로도 복주로 몽진한 공민왕이 홍건적에 맞서는 최후의 요새로 능히 삼을 만한 곳이었다.

　　적의 침입을 막는 산성은 경사가 급한 곳에 들어선다. 성 안쪽은 대신 백성이 사는 공간이다. 공민왕산성도 성 안쪽은 경사가 상대적으로 완만해 집을 짓고 농사를 지었다. 1980년대 후반까지 산성마을에는 10여 가구가 살았다. 이 마을에서는 그동안 토기류와 금동 장신구 등 많은 유물이 나왔다. 산성의 서남쪽 끝에는 장대와 건물터도 있다고 한다. 고려시대 여러 유물이 출토되었다는 기록도 전한다. 공민왕 시기의 새로운 유물이 확인될 날을 기다려본다.

응진전에서 떠오르는 소설 『다정불심』

청량산의 금탑봉 동풍석 아래에는 '응

진전(應眞殿)'이라는 아담한 사찰 부속 건물이 있다. 건물이 지어진

노국공주의 애틋한 이야기가 전하는 응진전에 눈이 내렸다.

연대는 정확히 알 수 없지만 청량산에 현재 남아 있는 사찰 건물 중 가장 오래된 것이다. 응진전은 부처의 제자인 나한을 모신 곳이다. 나한전이라고도 한다.

3월 15일. 산속에 부는 바람은 아직 차다. 추녀 끝에 매달린 풍경이 청아한 소리를 낸다. 응진전으로 들어가니 석가삼존불과 16나한이 봉안돼 있다. 엎드려 절한 뒤 응진전 내부를 찬찬히 살폈다. 16나한이 출입문을 중심으로 절반씩 나뉘어 저마다 해탈의 미소를 머금은 채 앉아 있다. "아! 정말이네." 순간 시선이 멈췄다. 소문대로 16나한 이외 두 사람의 조상(彫像)이 더 있었다. 16나한의 끝자리인 출입문 쪽 좌우에 한 사람씩 앉아 있다. 응진전 안에서 보면 오른쪽 조상이 분명 노국공주의 모습이다. 연꽃무늬 보관을 쓰

나한 옆에 모셔진 노국공주상(오른쪽)과 공민왕으로 추정되는 또다른 상.

고 목걸이를 한 채 가부좌를 튼 무릎 위로 두 손을 가지런히 얹었
다. 엷은 미소를 머금고 깊은 생각을 하며…. 무릎 앞에는 동자상
과 관람객이 두고 간 사탕이 놓여 있다. 왼쪽 또 한사람은 누굴까.
목걸이가 없는 것으로 보아 여성은 아닌 것 같고…. 혹시 공민왕은
아닐까. 전승되는 이야기에는 "노국공주가 응진전에서 아들을 낳
게 해달라고 기도를 드렸다"고 한다. 물론 이들 조상이 언제 만들
어졌는지는 알 길이 없다.

응진전 오른쪽 기슭에는 '無爲堂(무위당)'이란 편액이 걸린 요
사채가 있다. 지은 지 아직 10년이 채 안 되는 응진전 부속 건물이
다. 스님들이 거처하는 요사채는 본래 응진전 뒤편 절벽 아래에 있
었는데 뜯고 새로 지은 것이다. 요사채의 운경(雲鏡) 스님은 "응진
전은 언젠가부터 16나한보다 노국공주를 모신 곳으로 더 유명해
졌다"고 말했다.

응진전은 건물 자체가 단아하고 노국공주의 흔적까지 남아 있
어 금세 정감이 가는 공간이다. 응진전을 통해서도 공민왕의 청량
산 몽진은 역사적 사실로 더 가까이 다가온다. 그렇다면 청량산은
노국공주가 아들을 낳게 해달라고 드린 간절한 기도를 들어 주었을
까. 공민왕의 후사 문제는 고려 역사를 바꾸는 계기가 되었다. 그때
를 더듬어 보는 것도 공민왕을 이해하는 중요한 열쇠가 될 것이다.

1361년 홍건적의 난을 피해 청량산으로 들어왔던 공민왕은 이
듬해 환도에 성공한다. 왕은 개혁정치로 희망을 펼치기 시작했다.
희망은 경사로 이어졌다. 왕비인 노국공주는 개성으로 돌아간 뒤

혼인하고 15년 만에 처음으로 거짓말처럼 수태에 성공한다. 그때의 이야기는 소설가 박종화가 1940년 매일신보에 연재한 역사소설『다정불심』에 잘 묘사되어 있다. 노국공주가 태기를 느끼고 공민왕에게 처음 알린 때는 벌써 임신 넉 달을 맞았을 때였다. 공민왕은 고려의 400년 사직을 잇게 되었다며 크게 기뻐했고 곧 대사령(大赦令, 대사면)을 내려 옥문을 열고 죄수들을 방면했다. 해가 바뀌고 2월 들어 노국공주가 만삭이 되자 공민왕은 다시 두 번째 대사령을 내려 이죄(二罪) 이하의 죄수를 풀어 주었다. 2월 열나흗날 마침내 노국공주는 이슬이 보이고 큰 진통을 시작한다. 왕은 가슴을 졸이며 순산을 기다렸다.

그런데 이건 또 무슨 운명의 장난인가. 진통을 하는 공주의 신음소리가 심상치 않았다. 산통 등 난산이 진행됐다. 전의가 뻔질나게 드나들었지만 소용이 없었다. 왕은 목욕재계하고 내원당(內願堂) 불전에 나아가 '노국공주를 살려 달라'며 간절히 기도했다. 사태는 걷잡을 수없이 수렁으로 빠져들었다. 기도도 아랑곳없이 노국공주는 인사불성이 돼 버렸다. 그러다 노국공주는 겨우 정신을 차려 "태자마마를 낳아드리지 못하고…"란 마지막 말을 남기고 눈을 감는다. 왕은 기막힌 현실 앞에 노국공주를 껴안고 몸부림쳐 울었다. 명덕태후도 울고 둘째 왕비 혜비도 울었다. 노국공주는 서른을 겨우 넘긴 나이에 그렇게 바라고 바라던 아기를 밴 채 홀연히 세상을 떠난 것이다.

비극은 거기서 끝나지 않았다. 이후 배필을 잃은 공민왕은 삶의

서울 종묘 공민왕신당에 모셔진 공민왕과 노국공주상.

의욕을 상실한 채 더 큰 비극을 잉태한다. 왕은 궁중으로 소년 미동들을 뽑아들였다. 모두 20세 안팎으로 계집애들보다도 더 예뻤다. 자제위(子弟衛)라고도 하고 두리속고치(頭裏速古赤)라고도 불린 아이들이다. 재상의 아들은 두리속고치요, 사대부집 아들은 자제위였다. 소년 미동들은 밤낮으로 왕을 모셨다. 2008년 개봉돼 화제가 된 영화 '쌍화점'이 다룬 동성애 이야기가 바로 여기서 나왔다. 노국공주가 떠난 뒤 비빈을 가까이하지 않던 왕은 동성애를 통해 생리적 위안을 찾았다. 이 풍습은 왕이 원나라에서 '수입'한 것이었다. 홍의를 입고 주야로 출입하는 소년 미동 자제위의 예쁜 맵시는 내시 이외엔 이성이라곤 보지 못하던 젊은 궁녀들에게 부러움의 대상이었다. 자제위 속에 홍륜(洪倫)이란 소년이 있었다. 자제위 가운데서도 똑똑하고 예뻤다. 홍륜은 드나드는 동안 공민왕의 셋째 왕비인 익비한씨(益妃韓氏)와 넘지 못할 선을 넘었다. 내시 최만생이 이 일을 눈치챘다. 1374년 9월 스무이틀 새벽. 노국공주가 세상을 떠난 지 꼭 10년째 되는 해다. 왕은 이날도 노국공주 생각에 승려를 불러 구슬픈 노래 무상가를 들으며 밤새도록 혼자 술잔을 기울였다. 동이 훤하게 틀 무렵 승려는 물러가고 왕은 매화틀에서 용변을 보고 있었다. 최만생은 술에 취한 왕에게 홍륜과 익비 스캔들을 힘들게 끄집어낸다.

그런데 이게 무슨 날벼락인가. 왕은 별일이 아닌 듯 고함쳐 웃고는 최만생을 바라보며 "이 놈…너도 죽어야겠다…"고 불호령을 내리는 게 아닌가. 왕은 불쾌한 듯 내전으로 들어가는 길로 다시 술을 찾았다. 최만생은 간이 콩알 만해져 불시에 홍륜을 찾아 살길을 도모한다. 이날 밤 축시. 수녕궁에서는 왕의 취한 콧소리가 드높았다. 좌우에 왕을 모시는 자제위는 모두 홍륜의 일당이었다. 내시 최만생과 자제위 홍륜이 검은 헝겊으로 얼굴을 가리고 칼을 들고 들어왔다. 누구 하나 "도적이야!" 외치는 사람도 없었다. 삽시간의 일이었다. 공민왕은 신하의 손에 피살되는 비극을 맞았다. 다정(多情)이 병이 아니고 무엇이랴! 뒷사람들은 왕을 가리켜 가엾다는 뜻의 '공민(恭愍)'이라 불렀다. 박종화의 소설『다정불심』은 이렇게 마무리된다. 공민왕은 동성애에 빠져들어 미소년과의 탐닉 속에 처참히 죽어간 것이다.

마을의 수호신이 된 공민왕 가족

축융봉 자락 공민왕당을 내려가면 청
량산 주변에는 노국공주를 기리는 부인당과 어머니를 모신 왕모
당, 딸당·사위당 등 공민왕 가족의 사당이 10여 곳에 산재해 있
다. 그냥 사당만 덩그러니 있지 않다. 지금도 주민들이 사당을 찾아
안녕과 화합을 비는 살아 있는 공간이다.

정월 대보름날 청량산에서 2㎞쯤 떨어진 안동시 도산면 가송리
를 찾았다. 음력으로 1월 14일 저녁. 대보름날 자정에 올리는 청량
산의 공민왕당 동제를 앞둔 시간이다. 가송리는 600여 년째 부인당
동제를 지내고 있다. 마을 뒷산 절벽 아래 부인당과 산신각이 보이
고 그 앞에는 당나무가 서 있었다. 잡귀의 접근을 막는 새끼로 엮은
금줄도 쳐져 있다. 당나무 앞에 '부인당 동제'의 내력이 적혀 있다.

왕모산 왕모당에 모셔진 나무조각 남녀상과 성황신위.

부인당은 공민왕의 딸을 신으로 모시는 당이다. 동제는 마을회
의에서 선출된 제관과 주민들이 매년 정월 대보름 전날(음력 1
월 14일)과 단오(음력 5월 4일)에 제를 올린다. 가송리의 3개 부
락(가사리 · 쏘두들 · 올미재) 주민들은 600년 가량 부인당에
제를 올리고 있다. 부인당은 청량산의 지맥인 일출봉 능선이 끝
나는 곳에 위치하고 있고, 당의 오른쪽에 산신각이 있으며 당의
40m 앞에 당나무가 있다. 동제는 길굿으로 시작해 유교식 제례,
진풀이, 마을회의 등으로 구성되며, 특히 동제의 의식과 풍물 가
락이 잘 보존되어 있어 그 가치가 높다.

사당의 정체가 아리송하다. 부인당이라면 노국공주를 모신 사당이어야 할 텐데 공민왕의 딸을 신으로 모셨다니…. 더욱이 공민왕은 딸이고 아들이고 자식이 있지도 않다. 참으로 묘한 내력이다.

오후 8시쯤 마을 경로당으로 들어섰다. 동네 어른 10여 명이 도포와 두루마기 등을 입고 동제를 지낼 준비를 하고 있다. 누구는 소지 성금이라며 3만원을 보내왔다. 도시로 나가 동제에 참석하지 못해 보내온 정성이다. 또 올해는 그동안 동제를 진행해 온 신 내린 어른이 사정이 생겨 서울로 올라가 참석하지 못한다는 설명이다. 부인당의 내력에 대해서는 마을 어른들의 의견도 엇갈렸다. 주인공이 노국공주라는 이도 있었고 공민왕의 딸이라고 말하는 사람도 있었다. 어쨌든 이 마을의 수호신은 여성이다.

오후 9시 마을의 젊은이들이 풍물패 소리로 동제의 시작을 알린다. 관솔불을 든 젊은이가 앞장을 서며 어둠을 밝혔다. 좌정했던 어른들은 풍물패와 함께 금줄이 쳐진 부인당으로 올라갔다. 부인당 앞에는 장작불이 활활 타오른다. 굳게 닫혀 있던 부인당의 문이 열렸다. 부인당 안에는 붉고 노란 치마와 저고리가 가득 걸려 있다. 부인당에 기도 드리는 사람들이 바친 옷이라고 한다. 제관은 제물을 진설하느라 분주하다. 마을 주민 금세연씨가 신 내린 어른을 대신해 솔잎에 물을 적셔 뿌리며 부정을 물리치자 동제가 시작되었다. 도포에 유건을 쓴 초헌관이 잔을 드리고 세 번 절을 했다. 동제에 참여한 주민만 20여 명. 주민들은 "부인이 왕후장상이기 때문에 절을 두 번 아닌 세 번 한다"고 말했다. 자정이 가까워지면 주민들은 차례로 기원을 담은 소지를 올린다.

40년 전만 해도 가송리 사람들은 동제에 앞서 공민왕께 세배를 올리기 위해 해를 걸러 한번씩 청량산 공민왕당을 찾아갔다고 한다. 신들의 혈연의식이다. 주민들은 이를 두고 "서낭님이 세배 간다" 또는 "서낭님이 친정 간다"라고 하였단다. 가송리 사람들은 정월 보름날 아침에 서낭대와 풍물패를 앞세우고 출발하여 두세 시간 만에 산성에 도착한 뒤 융숭한 대접을 받고 청량두들 · 광석 · 양삼 마을을 거쳐 해질녘이 되어서야 다시 가송리로 돌아왔다는 것이다.

또 마을의 풍물패가 두 패로 나뉘어 단수치기, 진법치기, 12채의 전쟁놀이라는 독특한 놀이도 펼쳐왔다. 공민왕 군대가 홍건적과 대치하던 당시 상황을 재현하는 뜻을 담은 놀이라는 것이 민속학자들의 추정이다.

이날 동제를 지낸 곳은 가송리 뿐만이 아니었다. 청량산 공민왕당 동제에 참석한 정기주씨는 봉화군 명호면 고계2리 딸당에서 저녁에 먼저 동제를 올린 뒤 달려왔다고 말했다. 고계2리 동제에선 하루 저녁에 성금이 50만원이 모였다고 한다. 정씨는 "동제는 마음이고 정성"이라며 "동제 덕분에 그동안 마을 주민들이 큰 탈 없이 지낸 것 같다"고 말했다.

공민왕은 이렇게 청량산 주변에서 신앙의 대상이 되었다. 역사적 인물이 신격화하려면 몇 가지 조건이 필요하다는 게 민속학자들의 이론이다. 인물이 위대하고 비극적이며 또 특별한 인연이 있어야 한다는 것이다. 공민왕은 청량산에서 이런 조건을 모두 갖추었다. 공민왕은 비록 실패로 끝났지만 원나라의 간섭을 배제한 개혁 군주로 평가받았다. 또 노국공주의 죽음으로 비탄에 빠진 뒤 신하에게 시해를 당함으로써 억울하게 생을 마감했다. 이와 함께 그를 수호신으로 받아들인 민중들은 홍건적의 난을 피해 2개월여 청량산과 안동 일대에 머무는 동안 가까이서 왕과 부대낄 수 있었다. 그런 점 때문에 공민왕은 민중들 가슴 속에 공동체 신으로 자리잡을 수 있었다. 신앙은 점차 인근 마을로 퍼졌고 가지를 뻗어 공민왕의 선대와 있지도 않은 후손으로까지 신격화가 확대되었다.

공민왕계 신은 공민왕과 왕모 내외, 노국공주, 여동생, 딸, 사위, 아들, 손자와 손부, 막연한 후손 등 10가지나 된다. 민중들은 신앙의 대상을 이처럼 광범하게 설정했지만 공민왕의 실제 가계는 이와는 전혀 달랐다.

공민왕은 충숙왕의 셋째 아들로 태어났으며 어머니는 명덕태후(明德太后)였다. 그는 원나라 노국공주와 혼인했지만 임신 중이었던 노국공주가 세상을 떠나면서 후사가 없었다. 이제현의 딸 혜비이씨(惠妃李氏)가 왕비가 되었지만 역시 후사를 잇지 못했다. 공민왕은 집권 후기 내내 후사 문제에 시달렸다. 신돈의 집에 머물던 여인과 관계하여 얻었다고 알려진 우(禑)를 태자로 삼으려고도 했지만 명덕태후 등의 반대에 부닥쳤다. 설상가상으로 공민왕은 홍륜이 익비한씨(益妃韓氏)를 범해 임신시키자 그 사실을 아는 내시를 죽여 이를 감추려다 오히려 시해 당하는 비극의 주인공이 되고 만다. 공민왕계 신들 가운데 어머니 명덕태후와 공민왕, 그리고 왕비 노국공주를 제외하면 모두가 가상의 인물임을 알 수 있다.

그런데도 왜 민중들은 사실과 다른 가상의 가족을 만들어 섬기게 되었을까. 안동대 국학부 한양명 교수는 그 원인을 해원상생하는 민간신앙의 속성에서 찾는다. 억울하게 죽은 인물을 신격화한 뒤 맺힌 원한을 가상의 세계에서 풀어 주자는 것이다. 백성들은 공민왕이 후사 문제로 고통 받고 그 때문에 죽음에까지 이르렀다고 본 것이다. 그리하여 공민왕이 머무는 동안 감화를 입은 백성들은 비운에 죽은 그의 원을 풀어주기 위해 청량산 일대에 사당을 짓고 동신으로 받들게 되었다. 해원의 초점은 자연스레 후사의 설정에 맞추어졌다. 그 결과 아들과 딸, 손자로 이어지는 가상의 친족을 만들어 후사를 이어 주고 있다. 봉화군 명호면 고계리와 안동시 예안면 신남리의 아들·딸·사위 당집 등이 그런 예다. 한 교수는 "청량산 동제를 보노라면 자신만의 복을 비는 의식을 넘어 나랏님의 한까지 함께 풀어 주는 차원 높은 공동체 의식임을 알 수 있다"고 해석한다. 이런 염원은 650여 년이 지난 지금까지 변함없이 이어지고 있다. 청량산 일대는 아직도 공민왕과 그 가족이 다스리는 별천지인 듯한 착각이 들 정도다. 청량산과 공민왕의 인연은 이처럼 끈끈하고 질기다.

공민왕 가계도

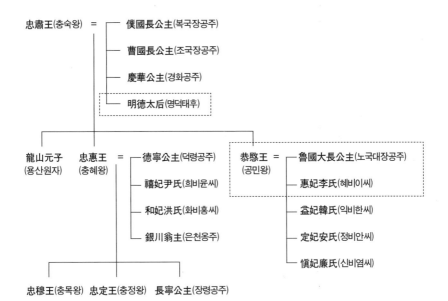

忠肅王(충숙왕) = ┌─ 僕國長公主(복국장공주)
           ├─ 曹國長公主(조국장공주)
           ├─ 慶華公主(경화공주)
           └─ 明德太后(명덕태후)

龍山元子　　忠惠王　= ┌─ 德寧公主(덕령공주)　　恭愍王 = ┌─ 魯國大長公主(노국대장공주)
(용산원자)　(충혜왕)　　├─ 禧妃尹氏(희비윤씨)　　(공민왕)　├─ 惠妃李氏(혜비이씨)
　　　　　　　　　　　├─ 和妃洪氏(화비홍씨)　　　　　　├─ 益妃韓氏(익비한씨)
　　　　　　　　　　　└─ 銀川翁主(은천옹주)　　　　　　├─ 定妃安氏(정비안씨)
　　　　　　　　　　　　　　　　　　　　　　　　　　　└─ 愼妃廉氏(신비염씨)

忠穆王(충목왕)　忠定王(충정왕)　長寧公主(장령공주)

┈┈┈ 안동으로 몽진한 인물

#일곱
뮤지컬로 살아나는 공민왕의 혼

2011년 안동에서는 '왕의 나라'라는 뮤지컬이 만들어졌다. 공민왕의 몽진을 소재로 한 창작 뮤지컬이다. '왕의 나라'는 해마다 공연이 무대에 올려지고 2014년에는 노국공주 역을 인기 뮤지컬 배우 이태원 명지대 교수가 맡아 관심을 끌었다. 이 교수는 20년 동안 뮤지컬 '명성황후'의 명성황후 역을 맡아 친숙해진 배우다. 줄거리는 이렇다.

제1막 – 프롤로그

파죽지세로 원나라를 위협하던 홍건적은 원나라의 반격에 쫓기게 되자 원나라의 공주인 노국공주가 고려의 왕비라는 사실을 알게 되고, 고려를 침략해 다시 원나라를 취하려 한다.

공민왕의 몽진을 소재로 한 뮤지컬 '왕의 나라'의 한 장면.

제2막 – 바람 앞의 촛불

고려의 공민왕은 밀려오는 홍건적을 피해 몽진을 결심하고, 왕
의 호위무사인 홍언박은 노국공주를 지키기 위해 목숨을 버린
만옥을 가슴에 묻는다.

제3막 – 천년불패의 땅에 계시가 내리다

천년을 이어 온 안동부의 어느 평화로운 마을. 관직을 버리고 낙
향한 손홍량은 후진을 양성하며 지내던 어느 날, 구름이 해를 삼

켜버린 어두워진 하늘에 한줄기 빛이 내려오고 그곳에서 고려의 개국 공신인 삼태사가 나타나 왕이 오리라는 계시를 내린다.

제4막 – 우리를 밟고 오소서

홍건적을 피해 몽진을 시작한 공민왕은 피난길에 오른 백성들을 바라보며 자신이 힘이 없어 나라가 무너져버린 사실에 스스로를 책망한다. 한편 왕이 오리라는 계시를 받은 안동부 백성들은 왕을 맞이하기 위해 강가로 나와 왕을 영접한다. 안동부의 정신적 지주 손홍량은 왕의 일행이 강을 건널 수 있도록 민중들의 힘을 결집시킨다. 이 때 강을 건너는 왕의 일행을 바로 뒤까지 쫓아온 홍건적은 여랑이라 불리는 여인에 의해 추격에 실패하게 된다.

제5막 – 홍건적

눈앞에서 공민왕 일행을 놓쳐버린 홍건적은 안동으로 몸을 피한 공민왕을 죽이고 고려를 차지해 원나라에 대한 복수를 시작하려 한다.

제6막 – 평화의 땅

안동의 백성들을 통해 마음의 안정을 찾은 공민왕은 자신의 목숨을 구해준 여랑을 자신의 호위무사로 들이게 되고, 홍언박은 여랑을 볼 때마다 가슴 속에 묻어둔 만옥을 떠올리며 옛일을 추억한다. 안동에서 마음을 추스린 공민왕 일행은 홍건적의 침략에 대비해 군사들을 훈련시키고, 노국공주 역시 안동사람들의 따뜻한 환대에 마음의 안정을 찾게 된다. 그러나 갑작스레 쳐들어온 홍건적으로 마을사람이 죽는 모습을 목격한 공민왕은 실의에 빠지고 급하게 피신하던 왕을 살리기 위해 홍언박과 여랑이 목숨을 잃는다. 이를 본 공민왕은 더 이상 홍건적에게 당하지 않겠다는 듯 추상같이 호령한다.

제7막 - 에필로그
홍건적과 일전을 치룬 공민왕은 마음을 추스르고 민중들의 힘으로 다시 한번 송악을 수복하기 위해 힘찬 발걸음을 내딛는다.

뮤지컬 제6막에서 공민왕이 군사들을 훈련시키는 곳은 군사 요새 청량산이다. 청량산과 안동에 얽힌 공민왕의 역사와 설화는 지역 문화인들에 의해 이따금씩 재조명되고 있다. 안동대 한양명 교수는 아예 '공민왕맞이축제'를 열어 보라고 제안한다. 공민왕 몽진을 비롯한 지역의 고려 문화를 집중 조명하면 전국 각지에서 벌어지는 축제와 차별화되는 역사문화축제가 될 수 있다는 것이다. 특히 축제를 정월 대보름이나 입춘 무렵에 맞춰 열면 공민왕과 노국공주의 애환이 담긴 놋다리밟기, 청량산 일대의 동제, 나아가 차전놀이 등이 더 사실적으로 현장감 있게 전달될 수 있을 것이라고 덧붙인다. 역사적 인물이나 사건을 기념하는 축제가 많은 외국의 사례도 참고할 만하다고 설명한다.

그동안 공민왕을 소재로 한 지역축제가 열리지 않았던 것은 아니다. 2007년 8월 청량산문화연구회란 민간 문화단체는 봉화군의 지원을 받아 청량산 도립공원에서 나흘 동안 '공민왕문화제'를 열었다. 공민왕산성에서 청량사까지 공민왕의 청량산 행차를 재현하고 공민왕당에서 주민들이 모여 당제를 올렸다. 공민왕과 청량산을 주제로 학술세미나도 열었다. 공민왕문화제는 이후 중단되었다. 예산 등의 문제가 있었지만 행사가 봉화군으로 국한되면서 내용면에서 안동과 관련된 부분이 빠졌기 때문이다.

그래서 공민왕맞이축제의 방식을 발전적으로 제안하고 싶다. 공민왕맞이축제는 청량산이 있는 봉화군과 공민왕이 몽진한 안동시가 공동으로 개최하는 것이 새로운 시도가 아닐까 한다. 청량산은 공민왕의 몽진에서 빼놓을 수 없는 요소인 데다 역사적 소재를 공유하는 인접 두 지방자치단체가 공동축제를 열기만 하면 그 자체가 새로운 모델이 될 수 있기 때문이다. 공민왕문화제를 주관했던 청량산문화연구회의 이성원(62) 박사도 "인접한 두 자치단체가 공민왕을 통해 상생할 수 있는 축제를 여는 건 참신한 발상"이라고 말했다. 이 박사는 청량산 입구인 안동시 도산면 가송리에 자리한 농암종택을 지키는 농암 이현보 선생의 17대 종손이다.

4장
주세붕의 산

하나

위대하도다. 선생이 이 산에서 얻은 것이

　　　　　경상도 풍기군수로 백운동서원을 세운
사람. 조선시대 역사를 공부하면 한번은 듣게 되는 익숙한 이름이
주세붕(周世鵬 · 1495~1554)이다. 그는 우리나라 최초로 서원을 세
워 유생을 교육하고 서원을 사림의 중심기구로 만들어 풍속을 교
화하는 데 힘썼다. 관료이자 유학자로 교육에 남다른 공을 들인 것
이다. 그의 관심 분야는 다양하다.

　주세붕은 또 산을 유달리 좋아했다. 웬만한 산은 한 번씩 다 오
른 산악인이라고나 할까. 동쪽으로는 금강산, 서쪽으로는 천마산
과 성거산을 밟았고 남쪽으로는 가야산과 금산의 여러 정상을 올
랐다. 그 나머지 언덕 같은 조그만 산에 오른 것은 헤아릴 수 없을
정도라고 한다. 그런 조선의 산 매니어가 청량산을 그냥 지나쳤을
리 없다.

　주세붕은 1544년(중종39) 열흘간 청량산 유람에 나선다. 그는

유학자로서 청량산의 가치를 처음 발견한 주세붕의 초상화.

유람에서 보고 듣고 느낀 걸 『遊淸凉山錄(유청량산록)』에 남겼다. 이 기행문은 남아서 전하는 청량산 유산기로는 첫 작품이자 가장 빼어난 글이다. 『유청량산록』은 당시 산을 유람하는 데 관심이 많던 사대부의 필독서로 이름을 얻는다. 요즘 말로 베스트셀러가 된 것이다. 주세붕은 『유청량산록』을 통해 날짜별로 유산 당시 보고 느낀 걸 기록하는 것은 물론 당시 불교식으로 불리던 청량산 열두 봉우리의 이름을 유교식으로 고치는 작업을 곁들였다. 불교의 요람이었던 청량산을 유학의 성지로 바꾸는 첫발을 내디딘 것이다. 퇴계 이황 선생은 선배인 주세붕의 『유청량산록』을 접하고 큰 감동을 받는다. 그래서 『유청량산록』에 직접 "위대하도다! 선생이 이 산에서 얻은 것이여!"라며 존경과 감탄을 아끼지 않는 발문을 쓴다. 주세붕과 이황, 두 사람의 만남으로 청량산은 이후 명산으로 자리잡아가는 결정적인 계기를 맞이한다.

일제강점기인 1924년 청량산을 오른 근대 학자 강신혁(1907~1998)은 주세붕이 봉우리 이름을 불교식에서 유교식으로 바꾼 것의 의미를 금강산에 비기며 이렇게 극찬했다. "금강산은 불가에서 차지하여 봉우리의 이름과 골짜기의 이름에 모두 범어를 쓴지라, 이는 신선지역의 욕을 면치 못한 셈이다. 그런데 청량산의 경우 도산의 주변 명승으로 퇴계 선생께서 '오가(吾家)의 산'이라 칭하고, 바위와 봉우리, 샘과 폭포가 모두 그 당시의 제영(題詠)과 품평을 거쳤다. 이는 금강산에는 없던 일이다." 청량산의 경관은 모두 당대 선비가 이름을 붙이고 품평한 점에서 산스크리트어에서 따온 금강산 봉우리의 이름보다 높이 평가할 만하다는 것이다.

주세붕은 청량산 유산기를 산문으로 남기는 한편으로 직접 오른 봉우리에서 느낀 소회를 시로도 적었다. 청량산에서 가장 높은 봉우리인 장인봉(丈人峯)에서 그의 시를 만날 수 있었다. 사실 주세붕은 당시 자소봉은 올랐지만 장인봉은 오르지 않았다.

2월 25일. 맑았다. 청량산에 오른다. 중국에서 날아온 미세먼지는 계절을 가리지 않고 겨울에도 청정지역 청량산을 뒤덮으며 지나갔다. 오후 1시 무렵 선학봉 능선에서 잠시 숨을 고른 뒤 다시 힘을 내어 장인봉으로 올랐다. 해발 870m. 청량산에서 가장 높은 곳이다. 봉우리 아래 마지막 철제 계단은 경사가 70도에 이를 만큼 가파르다. 정상은 제법 널찍하다. 가운데 어른 키 높이만한 바윗돌에 시비가 세워져 있다. 주세붕의 한시 '登淸凉頂(등청량정)' 시비

장인봉 정상에 세워진 주세붕의 '등청량정' 시비.

다. 한시의 서체는 청량산 김생굴에서 갈고 닦은 명필 김생의 글씨를 집자했다.

청량산 꼭대기에 올라	我登清凉頂
두 손으로 푸른 하늘을 떠받치니	兩手擎靑天
햇빛은 머리 위에 비추고	白日正臨頭
별빛은 귓전에 흐르네	銀漢流耳邊
아래로 구름바다를 굽어보니	俯視大瀛海
감회가 끝이 없구나	有懷何綿綿
다시 황학을 타고	更思駕黃鶴
신선 세계로 가고 싶네	遊向三山嶺

장인봉의 본래 이름은 의상봉이었다. 유학자 주세붕에게 의상봉이란 이름은 무척 거슬렸을 것이다. 주세붕은 의상봉을 장인봉으로 고쳐 이름 붙인 뒤 감회가 남달랐을 것이다. 이제는 불교 대신 유학의 도가 산 아래로 퍼지기를 소원했을 것이다. 정상에서 서쪽을 내려다보면 파란 낙동강이 보인다. 녹색에 가까운 파란 강물이다. "끼약 끼약…." 발 아래쪽에서 들려오는 왜가리 소리가 겨울 산의 정적을 깬다. 낙동강은 장인봉에 붙은 절벽 금강대 아래를 유유히 지나간다.

3월 15일. 자소봉과 연적봉, 하늘다리를 지나 20일 만에 다시 장인봉에 올랐다. 주변에는 청량산 도립공원 관리사무소가 등산로

를 새로 개발하고 알리는 플래카드가 내걸려 있다. '낙동강을 굽어
보며 절벽을 타고 내려가는 3km의 등산로를 경험해 보기 바랍니
다.' 그렇잖아도 낙동강이 내려다보이는 금강대 길을 걸으려고 마
음먹던 차였다.

오후 5시. 이른 봄날 해는 뉘엿뉘엿 서산으로 가까워진다. 낙동
강을 내려다보며 계단을 내려갔다. 계단 또 계단이다. 도무지 계단
은 끝날 줄을 모른다. 다리는 풀리고…. 이정표가 나온다. 공원 입
구까지 거리는 1300m. 오후 6시 30분. 해는 반쯤 서산에 걸려 있
다. 산속에는 인기척이라곤 들리지 않고 랜턴도 없이 금강대 길을
터덕터덕 내려간다. 꼼꼼한 준비 없이 청량산을 덥석 오른 것이다.

청량산의 낙동강 쪽 절벽인 금강대의 모습.

주세붕이 내봉의 으뜸으로 꼽은 자소봉.

산속에도 낙동강에도 서서히 어둠이 몰려온다. 더 어두워지기 전에 내려가야 하는 조급함과 어둠이 내리는 장엄함이 교차하고 있다. 빨리 내려가야 하지만 청량산의 낙조도 놓치고 싶지 않은 장관이다. 혹 계곡이나 바위틈에 짐승은 숨어 있지 않을까….

오후 6시 50분. 갑자기 귀에 익은 시끄러운 소리가 들린다. 자동차 소리다. 아! 도로를 지나는 자동차 소리와 불빛이 그렇게 반가울 수 없다. 30분만 지체했어도 가로등 하나 불빛 하나 없는 산길을 헤맬 뻔했다. 해는 이미 산 너머로 모습을 감췄지만 그래도 산속에 남은 잔광으로 금강대를 지나 간신히 내려올 수 있었다. 계산해 보니 이날 청량산에서만 8시간을 보냈다. 청량산은 그날 말없이 겸손을 가르쳐 주었다.

주세붕은 청량산 유산 당시 봉우리 몇 곳을 차례로 올랐다. 자신이 오른 봉우리마다 시로 감상을 남겼다. 장인봉과 축융봉에 이어 셋째로 높은 봉우리 자소봉을 노래한 시는 이렇다.

하늘로 자소봉이 솟구쳤는데	空外紫宵出
봉 앞에 푸른 절벽 빽빽하구나	峯前碧峭稠
절은 높아서 달에 가깝고	寺高能近月
솔은 늙어도 가을 모르네	松老不知秋
바람을 타고서 떠나가려니	便欲乘風去
학을 탔다고 의심받겠네	還疑駕鶴遊
하필 태산에 올라야 하나	何須登岱頂

한눈에 근심이 흩어지누나　　　一覽散遲愁

　『유청량산록』에는 조선시대 사대부의 유산 풍속이 잘 묘사되어 있다. 산을 찾아가면서 존경하는 인근의 어른을 찾아가 인사하고 주연을 베푼다. 또 시 한 수씩을 주고 받으며 거문고 소리를 듣는다. 산을 오를 때는 피리가 앞서 흥을 돋운다. 배낭을 메고 한달음에 정상을 밟고는 바쁘게 이동하는 요즘 산행과는 큰 차이가 있다.『유청량산록』에는 또 16세기 청량산의 모습이 생생히 담겨 있다. 규모는 작으나 선경인 명산이었다. 주세붕은 일주일 동안의 산행에서 19개의 절과 암자를 직접 만난다. 이 무렵 청량산에는 27개의 절과 암자가 있는 말 그대로 '불가의 산'이었다. 청량산이 불가의 산으로 남는 것은 내키지 않았지만 그래도 불교적 요소와 아름다운 산세는 주세붕을 매료시켰다. 그래서 장문의 기행문을 쓴다. 글 속에는 청량산이 천하의 명산으로 손색이 없음을 적고 사대부와 승려의 지위나 관계 등 당시 시대상도 반영되어 있다. 문장은 후세 선비들이 자신의 유산기에 다시 인용할 만큼 아름답다. 주세붕의『유청량산록』을 현대식으로 약간 고치고 군데군데 간단한 설명을 붙여 아래에 소개한다. 국역문은 청량산박물관이 2006년 펴낸『옛 선비들의 청량산 유람록1』에 실린 것을 참고했다.

어부가의 '낭만가객' 농암과의 만남

1544년 4월 9일 (주세붕은) 청량산을 유람하기 위해 일찍 풍기 군을 출발했다. 이원과 박숙량·김팔원, 그리고 아들 박이 동행 한다. 첫날밤은 객사에서 보낸다. 작은 아이에게 자민루에 올라 피리를 불게 한다. 관기는 술 한 동이를 안고 와 흥을 돋우며 『대 학』의 한 구절을 외워 달라고 청한다.

10일. 말을 타고 도산 온계를 지나 분천에서 농암(聾巖)을 배 알한다. 경상도관찰사와 호조참판을 지낸 농암 이현보(李賢 輔·1467~1555)는 '어부가' '효빈가' 등의 가사 작품을 남긴 '강호문학의 창도자'다. 공(公)이 문밖까지 나와 맞이하고는 함 께 바둑을 둔다. 이어 밥과 술이 나오고 계집종들은 거문고와 아 쟁을 켠다. '귀거래사' '장진주' 노래가 오가고 아들 문량이 '수 곡(壽曲)'을 부른다. 78세의 농암도 일어나 같이 춤을 춘다. 날이 저물어 말을 달린 뒤 금치소의 집에서 하루를 묵는다.

강호문학을 창도한 농암 이현보의 초상화.

11일. 가랑비가 왔다. 청량산 연대사에 도달한다. 산속은 어두울 때는 밤과 같다가 곧 개이면 낮이 되었다. 일행이 당도하기를 학수고대한 승려는 "어찌 이리 늦게 오신단 말입니까?" 하면서 안개 속을 가리키며 "저기가 김생굴이고 저기가 치원대, 이 뒤에 원효사가 있고 서쪽에 의상봉이 있다"고 소개했다.

12일. 쾌청. 사내종과 말을 보내고 지팡이를 짚고 절을 나섰다.

승려가 앞장을 섰다. 작은 시내를 따라 동쪽으로 걸어 나무를 잡고 올라가면서 수십 걸음을 걷고는 한번 쉬었다. 피리 부는 사람이 앞서 갔다. 이미 치원대에서 피리 소리가 나더니 층층 벼랑에서 울렸다. 가다가 살펴보니 별실(別室) · 중대(中臺) · 보문(普門) 세 사찰이 마치 옹기 속에 있는 듯하다. 진불암(眞佛庵)에 들어가니 승려가 없어진 지 오래다. 치원대에 도달해 멀리 내산의 열한 곳 절을 바라보았다. 날이 어두워 내려와 하청량사(下清凉寺)에서 잠을 이루다.

13일. 아침에 가랑비가 왔다. 밥을 먹고 걸어서 상청량사(上清凉寺)의 앞에 있는 대(臺)로 나아갔다. 이름이 없었다. 내가 장난삼아 "나중에 경유대라 하겠네" 하였더니 오인원이 나한당 벽에 이름을 썼다. 지나가다 안중사(安中寺)에 들어갔다. 이우 공이 어렸을 때 황맹헌 · 홍언충과 함께 여기서 글을 읽었다. 세 사람 모두 옛 사람이 되었다. 극일암(克一庵)에 들어가 돌사다리를 올라갔다. 늙은 소나무가 있는데 천 자나 되고 크기도 열 아름이나 되었다. 바람구멍이 암자 뒤에 있는데 아주 험하였다. 구멍의 입구에는 판자가 두 개 있었는데, 전하기를 최치원이 앉아서 바둑을 두던 판이라고 하였다. 판자는 굴 안에 있어 비를 피할 수 있었다. 그러므로 천년이나 되어도 썩지 않았다. 구멍은 깊어 잴 수가 없었는데 멀리 파란 허공에 닿아 있었다. 피리 부는 사람이 보허자(步虚子, 長春不老之曲이라고도 불리는 고려시대부터 전해오는 중국 송사악(宋詞樂)의 하나)를 불고 일부는 노래하고 춤도 추었다. 드디어 치원암(致遠庵)을 방문하고 총명수를 마셨다. 물은 벼랑의 틈에 있었는데 돌 구덩이에 가득 차 있었다. 맑기가 밝은 거울 같고 차기가 얼음과 눈 같았다. 하대승암(下大乘庵)에 도착하니 앞길이 이미 어두웠다. 조금 있다가 달이 떠서 김생굴의 뒷 봉우리에 올라 드디어 문수사(文殊寺)에 닿았다. 절은 양 벽 사이에 있었는데 피리 부는 사람이 먼저 문밖에서 기다렸다. 그 소리가 맑아 산이 울고 골짜기가 답하였다. 드디어 선방에서 잤다. 밝은 달이 집에 가득한데 떨어지는 폭포를 베고 두견새의 울음을 들으니 이미 이 몸이 세상 밖을 벗어났다는 걸 알았다. 또 휘파람새의 소리를 들으니 아주 괴이하였다.

14일. 서쪽으로 보현암(普賢庵)에 들어갔다. 당(堂) 앞에 바위가 있는데, 두 사람이 앉을 만하였다. 나와 오인원은 바위 위에 앉고 일부는 암자 안에 흩어져 앉았다. 어떤 사람이 술을 가져왔는데 예안현감 임조원이 보낸 것이었다. 막 열어 마시려는데 두 사람이 왔다. 농암의 조카 이국량과 오인원의 아들 수영이다. 이국량이 소매에서 농암의 글을 꺼냈다. 이국량은 노래하고, 듣는 사람은 예안현감이 보내온 술을 마셨다. 피리를 연주하고 농암이 지은 노래를 부르니 산중의 기이한 흥취이다. 또 승려 조안이 금강산에서 왔다. 나를 따라 가야산에 오른 사람이다. 소매에서 내 시를 꺼냈다. 승려의 눈은 아직도 벽안인데 내 귀밑머리는 이미 하얗게 되었다. 다시 만나 한번 웃으니 기쁘다. 저녁에 서대(西臺)를 나와 달빛을 깔고 오래 있다가 문수암으로 돌아가 잤다.

15일. 문수암과 보현암에서 걸어서 절벽을 돌아 몽상암(夢想庵)에 이르렀다. 벼랑을 따라 길이 험해서 두 개의 나무를 걸쳐 놓아 잔도(棧道)로 통하게 하였다. 잔도는 가파른 절벽에 선반처럼 걸쳐 있는 길이다. 밑은 잴 수가 없고 두 발은 시리니 모골이 송연하다. 게다가 갈증까지 더해 입술이 바짝 타들어갈 지경이었다. 폭포가 절벽 사이에서 나무통으로 떨어지는 것을 보고 끌어다 몇 사발을 마시니 오장이 다시 회복되었다. 층층 돌길을 잡고 올라 암자에 들어갔다. 암자의 서쪽에는 깎아지른 듯한 절벽이 천 길인데 굽어보면 끊어진 골짜기가 자리하고 있으니 연대사의 위에 있다. 승려 조안은 나이가 거의 칠십인데 걸음이 매우 민첩하였다. 깊은 벼랑을 만나서도 두려운 기색이 없었다. 오인원이 말하기를 "이 사람은 거의 원숭이의 후신 같습니다"라고 하였다. 돌아와 돌로 만든 잔도를 통해 나갔다. 절벽의 틈을 따라 원효암(元曉庵)으로 올라갔다. 길이 매우 가파르고 험하였다. 승려 계은이 "이 암자는 여러 번 옮겨서 원효가 옛날에 거처하던 곳이 아닙니다"라고 하였다. 암자의 동쪽에 깎아지른 절벽이 있는데 그 아래에 옛 터가 있어 그 터가 아닐까 하였다. 오수영에게 열두 봉우리의 이름을 판에 쓰도록 하였다. 암자의 동쪽에 있는 두 개의 절벽을 지나 등나무를 잡고 오르며 자주 쉬었다. 만월암(滿月庵)에 올랐다. 이날 저녁 하늘은 점 하나 없었고 달빛은 씻은 듯하였다. 밤이 깊어 문을 열고 홀로 서니 마치 광한루에서 세상을 굽어보는 듯하였다.

퇴계 이황 선생이 27세에 지은 기문이 전하는 백운암 터.

16일. 밥을 먹고 백운암(白雲庵)으로 올라갔다. 조금씩 잡고 오르는데 도달하려는 곳은 점점 높아지고 보이는 곳은 점점 멀어졌다. 쉬엄쉬엄 자소봉(紫霄峯) 정상에 도달하였다. 정상 옆 푸른 벽은 천 길이라 잡고 오를 수가 없었다. 탁필봉(卓筆峯)도 아주 험하여 오를 수가 없었다. 드디어 연적봉(硯滴峯)에 올랐다. 지팡이를 짚고 오래 있으면서 서북쪽의 여러 산들을 바라보다 크게 휘파람을 불고 돌아왔다. 다시 백운암을 찾아 경호(퇴계의 자)의 기문을 읽으니 참으로 어린 여자아이가 지은 것 같았다. (이 국역에 대해서는 다른 주장이 있다. '어린 여자아이가 지은 것 같았다'는 '幼婦之作'을 옮긴 것이다. 청량산박물관이 2012년 펴낸 국역 『청량지』는 주석에서 '유부지작'을 '幼=幼少(유소) → 少, 婦=婦女(부녀) → 女, 女+少=妙', 결국 '幼婦之作'은 '妙之作' 즉 오묘한 작품이라는 뜻으로 해설한다.)

드디어 만월대로 내려왔다. 가끔 노송나무의 그늘에서 쉬니 좌우가 모두 푸른 벽이었다. 걸어서 문수암에 도착하였다. 계곡의 물이 합쳐져 내려와 문수암에서 쏟아지는 폭포가 되었다. 길 아래 봉우리의 끝이 튀어나와 있는데 상대승암(上大乘庵)이 그 밑에 있었다. 집과 주인이 누추하고 더러워 들어간 사람들이 모두 구역질을 하고 나오자 들어갈 수가 없었다. 곧바로 김생굴로 나아갔다. 벼랑의 잔도가 썩고 끊어져 손으로 등나무 줄기를 잡고 기어서 이끼 긴 벼랑을 몸을 떨면서 올라갔다. 두려웠다. 굴은 큰 바위의 아래에 있는데 바위들이 아주 크고 높았다. 폭포가 바위 위에서 흩날리며 떨어졌다. 그 소리가 시끄럽고 햇빛 아래 비를 뿌렸다. 석실은 깨끗하여 위쪽의 여러 사찰 가운데 으뜸이었다. 밤새도록 폭포 소리를 들으니 시원하다. 혹시 신선이 있다면 반드시 먼저 이곳에 깃들어 쉴 것이다. 집에 김생의 서첩이 있다. 그 글자의 획이 모두 뾰족하고 굳세어 바라보면 마치 여러 바위가 빼어남을 다투는 듯하였다. 지금 이 산을 바라보니 바로 김생이 여기서 글씨를 배웠다는 것을 알 수 있다. (주세붕은 청량산의 산세에서 김생의 독특한 서체 연원을 유추하고 있다. 빼어난 안목이 아닐 수 없다.)

17일. 연대사에 닿았다. 숲과 대(臺)에 앉아 술을 몇 잔하고 승려들과 이별하였다. 걸어서 사자봉(獅子峯) 정상을 내려가 말을 탔다. 녹음을 뚫고 삼각묘를 지나 쉬었다. 큰 내를 건너 봉우리를 바라보니 구름과 안개가 자욱하다. 이문량이 나루터 입구에서 맞이하고 오인원이 길 옆에 천막을 설치하였다. 오인원과 함께 용수사(龍壽寺)에 투숙하였다. 거처하는 승려는 서너 명이었는데 추해서 가까이 갈 수 없었다.

18일. 고려 학사 최선(崔詵)의 비문을 읽었다. 농암 선생이 아들 문량을 데리고 방문하였다. 절에서 예를 행하였다. 여러 종류의 음식을 내놓았다. 술이 반쯤 돌자 아들 문량과 조카 국량에게 노래를 시켰다. 모두 일어나 춤을 추었다. 금숙(琴叔)은 아흔 살인데도 춤을 추었으니 보기 드문 일이다. 절에서 나와 이날 저녁 풍기로 돌아갔다.

우선 봉우리 이름을 붙이고

　　『유청량산록』은 이어진다. 주세붕이 날
짜별로 청량산에서 느낀 소회에 이어 이번에는 청량산에 대한 평
가와 봉우리 이름을 새로 붙이고 기록으로 남긴다.

　　청량산은 안동부 재산현에 있으니 실로 태백산의 한 지맥이 날
아와서 그 정화가 모인 것이다. 대략 이 산은 그 둘레가 백리밖에
안 되는데도 봉우리들이 그림 같고 시렁 같아 참으로 조물주가
따로 재주를 부려 놓은 것 같다. 우리나라 여러 산을 말해 본다면
웅장한 기운이 쌓인 것은 두류산만한 것이 없고 맑고 험한 것은
금강산만한 것이 없다. 또 기이한 경치는 박연폭포와 가야산의
골짜기만한 것이 없었다. 그런데 지금 단정하고 엄정하고 상쾌
한 것은 비록 작지만 업신여길 수 없는 것으로 오직 청량산이 그
렇다.

우리나라의 이름난 산을 물으면 반드시 먼저 다섯 산을 이야기한다. 북쪽에 묘향산, 서쪽에 구월산, 동쪽에 금강산, 중앙에 삼각산이다. 그리고 가장 크고 남쪽에 있는 산이 두류산이다. 그러나 작은 산 중에 좋은 산을 물으면 반드시 청량산이라고 말한다. 내가 열 살 때 이미 안동에 청량산이 있음을 듣고 한번 오르고자 하였으나 하지 못했다. 37세 때 풍기에 부임하여 뜻을 새겨 가서 보고자 하였다. 그러나 동서쪽으로 가며 멀리서 산의 면목만을 바라보고 매번 고개를 돌리고는 문득 세속의 일 때문에 미뤄야 했다. 그 산 아래에서 잠을 자면서도 수레를 돌린 적도 있었다. 쓸쓸하여 배고픔과 목마름을 안고 슬퍼하기를 또 4년이 지났다. 지금 이미 쉰이 되어 얼굴이 창백하고 머리는 허옇게 되어 비로소 지팡이를 짚고 연적봉 꼭대기에 올랐으니 다행이라 할 만하다. 그 내외의 여러 봉우리가 옛날에는 이름이 없었으나 승려들에게 전하여 내려오는 것으로 내봉(內峯)에는 오직 보살봉·의상봉·금탑봉·연적봉이 있고 외봉(外峯)은 오직 대봉(大峯)이 있다. 금탑봉과 같은 것을 치원봉이라 칭하는 것은 치원대가 그 아래에 있기 때문이다. 의상봉도 의상굴이 아래에 있어서 그렇게 부른다. 그 누추함이 이와 같으니 김종직이 두류산을 두고 '참으로 징조를 경험할 수 없다면 이름이 없는 것에 이름을 붙일 수 있겠는가'라고 하였다. 하물며 나같은 사람이 감히 분수를 잊고 이름을 붙이겠는가? 그러나 주자가 여산(廬山)에서 기이한 절경을 만나면 이름을 붙였으니 징조를 경험하지 않고도 이름을 붙이지 않은 것도 아니다. 이 산의 여러 봉우리들은 백년을 지나며 이름이 없었는데 참으로 산을 좋아하는 사람으로서 부끄럽다. 만약 주자(朱子)의 현명함을 기다려 이름을 붙인다면 이름 붙이기가 어렵지 않겠는가. 우선 이름을 붙이고 뒤에 오는 총명한 사람이 고치기를 기다리는 것이 어찌 잘못이겠는가.

먼저 외봉 가운데 긴 것을 장인봉(丈人峯)으로 이름 짓는다. 대(大)자의 뜻을 넓힌 것이며 태산(泰山)의 장악(丈岳)을 본딴 것이다. 그 서쪽을 선학봉(仙鶴峯)이라 하고 동쪽을 자란봉(紫鸞

축융봉에서 건너편 봉우리를 확인할 수 있도록 세운 안내판.

정상이 상수리나무에 둘러싸여 편안하게 느껴지는 경일봉.

峯)이라 한다. (이들 봉우리 이름은 현재 위치와는 다소 차이가
있다.) 외산(外山)은 세 봉우리가 있는데 모두 가서 볼 겨를이 없
어 멀리서 이름을 짓는다. 내봉의 으뜸은 자소봉(紫霄峯)이라
한다. 푸른 바위가 천 자나 되고 빼어나게 허공으로 솟아 있다.
동쪽 봉우리는 경일봉(擎日峯)이다. '아침에 뜨는 해를 손님맞
이하듯 한다'는 빈욱(賓旭)의 뜻에서 취한 것이다. 남쪽 봉우리
는 이름을 축융봉(祝融峯)이라 하니 남악인 형산(衡山)에서 본

뜬 것이다. 형산에는 축융이라는 봉우리가 있다. 자소봉에서 서쪽으로 50보를 못가서 가장 뛰어난 것은 탁필봉(卓筆峯)이라 한다. 탁필봉에서 서쪽으로 10보를 못가 불룩 서 있는 것은 연적봉(硯滴峯)이라 한다. 연적봉의 서쪽에 봉우리가 뽑혀 나와 연꽃과 같은 것은 연화봉(蓮花峯)이라 한다. 곧 연대사의 서쪽 봉우리로 스님들은 의상봉이라 한다. 연화봉 앞의 봉우리는 향로와 비슷해 향로봉(香爐峯)이라 한다. 금탑봉(金塔峯)은 경일봉의 아래에 있고 탁립봉(卓立峯)은 경일봉의 밖에 있다. 내봉과 외봉을 합치면 열둘이 되고 옛 이름 그대로인 것은 두 개다. 옛 이름을 고친 것이 세 개이고 이름이 없어 이름을 붙인 것이 여섯 개다. 그 가운데 하나는 옛 이름을 그대로 두고 한자를 썼웠다. 곧 탁필봉이다. 여산의 탁필봉을 흉내 내었다.

자소봉은 9층인데 절 11곳이 있다. 백운(白雲)이 가장 높고 다음부터 차례로 만월(滿月) · 원효(元曉) · 몽상(夢想) · 보현(普賢) · 문수(文殊) · 진불(眞佛) · 연대(蓮臺) · 별실(別室) · 중대(中臺) · 보문(普門)이다. 경일봉은 3층인데 절 세 곳이 있다. 김생(金生) · 상대승(上大乘) · 하대승(下大乘)이다. 금탑봉도 3층인데 절 다섯 곳이 있다. 산 모양이 탑과 같고 다섯 곳 절이 모두 가운데 층에 걸쳐 둘러 있다. 치원(致遠) · 극일(克一) · 안중(安中) · 상청량(上淸凉) · 하청량(下淸凉)이다. 여러 절이 가파른 절벽을 지고 있어 아래에서 쳐다보면 가파른 벽만 보이고 그 위에 또 절이 있는지 모른다.

아! 이 산이 중국에 있었다면 반드시 이백(李白)과 두보(杜甫)가 시를 지어 읊었을 것이며, 한유(韓愈)와 유종원(柳宗元)이 글을 지어 구했을 것이다. 또 주자(朱子)와 장식(張栻)이 올라 감상했다면 마땅히 천하에 크게 알려졌을 것이다. 그런데 쓸쓸하게 천년 동안 김생과 고운(최치원) 두 사람에 기대어 한 나라 안에서만 알려졌으니 탄식할 만하다.

1544년(중종39) 4월 19일 주모(周某)는 쓴다.

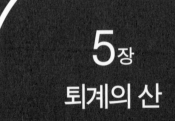

5장
퇴계의 산

청량산으로 가는 예던길

경북 안동시 도산면 온혜리를 지나 청
량산이 가까워지면 국도에서 농암종택으로 들어가는 길이 나타난
다. 도산면 가송리로 들어가는 진입로다. 가송리에는 쏘두들과 올
미재, 가사리 3개 자연부락이 있다. 처음 나오는 쏘두들을 지나 다
리 위로 낙동강을 가로지르면 가사리 마을에 닿는다. 공민왕계 사

청량산 도립공원 입구에 세워져 있는 예던길 표석.

당인 부인당이 있는 곳이다. 이 마을 남쪽 어귀엔 최근 작은 주차장
이 새로 꾸며졌다. 가송리 예던길을 찾는 관광객의 편의를 위해서
다. 안동시가 2008년께 걷기 바람을 타고 낙동강을 따라 난 옛 길을
새로 다듬어 선보인 것이다. 예던길이라! 이름부터 예사롭지 않다.

고인(古人)도 날 몯 보고 나도 고인 몯 뵈
고인을 몯 뵈도 녀던 길 알페 잇네
녀던 길 알페 잇거든 아니 녀고 엇덜고.
(옛 성현도 나를 보지 못하고 나 또한 성현을 뵙지 못했네
옛 성현을 뵙지 못해도 그들이 가던 길은 앞에 놓여 있네
그 길이 앞에 있는데 나 또한 아니 가고 어찌 하겠는가)

퇴계(退溪) 이황(李
滉·1501~1570) 선생이 남
긴 연작시조 '도산십이곡
(陶山十二曲)' 중 제9곡이
다. 도산십이곡은 전육곡
(前六曲) '언지(言志)'와 후
육곡(後六曲) '언학(言學)'
으로 나누어진다. 퇴계는
언학 3편인 이 시조에서
학문을 탐구하고 인격을

퇴계 이황 선생의 초상화.

수양하던 옛 성현의 길을 그대로 따르겠다고 말한다. 시조에서처럼 원래는 '녀던 길'이지만 발음이 어려워 옛길이라는 뜻을 얹어 예던길로 이름이 고쳐졌다. 고등학교 국어 시간에 한번은 들었던 길이다. 예던길은 이제는 퇴계 선생이 자주 다니던 길 이름으로 통한다. 퇴계 오솔길로도 불린다. 퇴계는 열네 살 때 숙부 송재 이우를

퇴계의 멘토 역할을 한 숙부 이우.

따라 처음 청량산을 오른 이후 청량산을 평생 이상향으로 삼았다. 이 길을 통해 수도 없이 청량산에 들어가 책을 읽고 감흥을 시로 읊었다. 예순네 살에도 이 길을 따라 청량산에 간 기록이 전한다.

예던길은 도산서원에서 출발하면 청량산까지 전체 거리가 18*km*쯤 된다. 도산서원~퇴계종택~이육사문학관~고산정을 지나 청량산 입구까지다. 그러나 지금 옛길로 편안하게 걸을 수 있는 구간은 단천리에서 가송리까지 절벽 위를 걷는 약 4*km* 구간과 전망대에서 농암종택까지 산길을 걷는 6*km* 구간 정도다. 일부는 아스팔트 도로가 되고 또 일부는 끊겼으며 아예 흔적조차 없이 사라진 곳

안동시가 개발한 도산면 가송리 일대 예던길 코스.

안동시 도산면 토계리에 위치한 퇴계종택.

도 있다. 가송리 예던길은 1975년 안동댐 건설로 수몰되기 전까지 가송리 사람들이 예안장을 다니고 아이들은 초등학교를 다니던 길이었다. 현재 예던길은 주민들의 고증을 바탕으로 2010년 9월부터 복원한 것이다. 가송리 예던길은 한 바퀴를 돌아오는 데만 2시간 30분 정도가 걸린다.

3월 22일. 맑음. 가사리 주차장에서 월명담(月明潭) 쪽으로 난 길을 들어섰다. 낙동강을 따라 청량산의 남쪽 줄기가 뻗어 내린 곳이다. 길은 벼랑의 바위 위로 난 아슬아슬한 구간으로 시작한다. 한눈을 팔다가는 강으로 굴러 떨어질 수도 있다. 친구 사이인 듯한 남자 하나와 여자 셋이 길을 앞서간다. 계곡에서는 봄기운을 타고 물이 졸졸 흘러내린다. 1월 말만 해도 아래 낙동강은 온통 꽝꽝 얼어 있었다. 그 사이 낙동강은 얼음이 녹아 천천히 흐르고 있다.

월명담 절벽 위에는 강 아래와 건너편을 완상할 수 있는 벤치 두 개가 놓여 있다. 월명담을 내려다보니 물이 맑아 마치 옥쟁반에 파란 물감을 풀어 놓은 것 같다. 바위 위에는 푸른 소나무가 서 있고 수달래 꽃의 분홍빛이 푸른 물에 뚝뚝 떨어질 듯 물속에 잠겨 있다.

월명담은 월명소(月明沼) 또는 월명당(月明塘)이라고도 할 만큼 절벽 아래 물이 깊은 곳이다. 예안의 읍지인 『선성지(宣城誌)』에는 소(沼) 안에 용이 살고 있어 기우제를 올리면 영험하다고 적혀 있다. 월명담은 달빛 쏟아지는 연못 같아 붙여진 이름이다. 못에는 용이 살고, 용이 하늘로 오르려면 비가 필요하다고 했던가. 어쨌든 월명담 층벽에는 '도우단(禱雨壇)'이 있어 고을 수령들이 돼지를 잡아 기우제를 지냈다. 기우제는 자정 무렵 사물 장단에 맞춰 "용도 용도 물 주소, 도량용도 물 주소"라는 주문(呪文)을 외며 제사를 지내고 돼지 머리를 강물에 띄웠다고 전해진다. 또는 가물 때 개를 잡아 소(沼)에 넣으면 개의 피를 싫어하는 신은 그것을 씻기 위해 비를 내리게 한다는 이야기도 남아 있다. 이런 풍습은 1960년 이전까지 이어졌다. 퇴계 선생은 이곳을 지나며 이렇게 노래했다. 원문은 모두 한시다. 여기에 소개하는 한시의 국역은 대부분 청량산박물관이 2012년 펴낸 『국역 오가산지』에 실린 것을 인용했다.

월명담(月明潭) - 비를 비는 단이 있다(有禱雨壇)

그윽하고 맑은 소 빼어나고 푸르니	窈然潭洞秀而淸
그 속 깊은 곳 목석 신령 간직했네	陰獸中藏木石靈
열흘 동안 내린 비 이제야 개이니	十日愁霖今可霽
용아 구슬 안고 아늑한 달 속으로 돌아가라	抱珠歸臥月冥冥

깎아지른 절벽을 지나면 낙엽이 쌓여 푹신푹신한 작은 길이 나온다. 사람의 자취라곤 없다. 한적하다. 강에는 백로가 한쪽 다리를 들고 모래톱에 서 있다. 작은 나무가 가득한 숲에서는 새소리 바람소리가 이따금 정적을 깬다. 강 건너편 농암종택으로 가는 길이 보이고 때로는 멀리로 청량산의 남쪽 자락이 흙과 바위의 단층처럼

예던길 중 월명담에서 장구목으로 가는 코스.

켜켜이 쌓여 있다. 퇴계가 걸었을 예던길은 아직도 숲 사이에 흔적
이 생생하게 남아 있다. 퇴계가 다닌 500년 전 그 길에 발을 포갠
다. 길은 손을 많이 대지 않아 옛 모습이 남아 있다. 마음이 편안해
진다. 걷는 사람도 그대로 자연의 일부가 될 것만 같다.

　"후다닥…!" 정오 무렵 강가에서 산속으로 난 길을 지날 때다.
무언가가 뒤쪽으로 휙 지나갔다. 노루였다. 숲 덤불에서 눈을 붙이

고 있었을 노루가 인기척에 놀라 줄행랑을 친 것이다. 목숨을 건 질주다. 한순간 산속의 정적이 깨진다. 산수유가 막 노란 망울을 터 뜨린다. 산은 다시 고요해진다. 이게 무릉도원인가 싶다.

천사에 이르러 이대성을 기다려도 아직 안 오고(到川沙 待 李大成未至)

산봉우리 옹기종기 시냇물 넘실넘실	煙巒簇簇水溶溶
새벽빛 막 갈려 해 붉어지려 하네	曙色初分日欲紅
시냇가서 기다려도 그대 아직 안 오니	溪上待君君不至
채찍 들고 나 먼저 그림 속 들어가네	擧鞭先入畫圖中

퇴계가 친구 이문량(1498~1581, 자(字)는 대성)에게 남긴 시다. 이 문량은 농암 이현보 선생의 아들로 이웃에 살면서 절친한 사이였 다. 1564년 퇴계는 그와 함께 청량산을 유람하면서 시를 읊고 학문 을 토론하였다. 아침 해가 솟는 시간. 청량산에 함께 가기로 한 친 구를 물소리 들리는 강가에서 기다리고 있다. 급한 마음에 먼저 출 발하며 친구에게 편지를 남긴다.

이런 길을 지나며 퇴계는 시상이 떠오르지 않을 수 없었을 것이 다. 또 철학자가 되었을 것이다. 독일 하이델베르크에는 헤겔 · 야스퍼스 · 하이데거가 걸었다는 '철학자의 길'이 있다. 2013년 8 월 그 길을 걸은 적이 있다. 네카어 강을 사이에 두고 도심을 한눈에 내려다볼 수 있는 산 중턱에 난 산책로다. 철학자의 길이 도시에 울려퍼지는 성당의 종소리를 들으며 도심과 하이델베르크성을 내려다본다면, 예던길은 물소리·새소리를 들으며 선경(仙境)으로 들어간다고나 할까.

갑자기 강쪽에서 '우당탕탕' 소리가 요란해진다. 산골에 공장이 생겨 무슨 기계라도 돌아가는 소리인가. 농암종택 앞이다. 급한 여울이 소리를 낸다. 알고 보니 낙동강의 힘찬 물소리였다. 여기서 유속이 빨라지면서 소리가 요란해진다. '어부가' '효빈가' '농암가' 등의 가사를 남긴 '강도문학의 창도자' 이현보(1467~1555) 선생의 호 농암(聾巖)은 거센 물소리가 들리는 바위에서 유래한다. 물론 현재

예던길 맹게 쪽 전망대에 오르면 농암종택이 한눈에 들어온다.

위치는 아니지만. 여울의 물소리가 대단해 사람들의 말소리를 듣지 못하게 한다는 뜻이다. 사람들은 그냥 '귀먹바위'로 불렀다. 농암은 1512년 연로한 부모님에 효도하기 위해 애일당(愛日堂)이라는 건물을 짓는데 그 건물이 들어선 바위 이름이 농암이었다.

더 내려가면 전망대가 나타난다. 농암종택이 잘 보이는 위치다. 전망대가 세워진 곳은 벽력암이고 아래 낙동강은 한속담이다. 강 건너로 1975년 안동댐 건설로 수몰이 돼 분천에서 옮겨온 농암종택과 분강서원·애일당이 한눈에 펼쳐진다. 농암종택은 강릉 선교장과 더불어 2009년 한국관광공사가 선정한, 한국에서 가장 아름다운 고택으로 선정되기도 했다.

독일 하이델베르크 산 중턱에 난 '철학자의 길'을 찾은 필자와 아내. 성당의 종소리가 울려퍼진다.

애일당 옆 암벽은 학소대(鶴巢臺)로 불린다. 천연기념물 72호인 먹황새가 서식했던 곳이다. 먹황새는 머리와 몸은 검고, 허리와 배는 흰 세계적인 희귀 새로 현재 전 세계에 500여 마리밖에 남지 않은 것으로 알려져 있다. 1969년 사냥꾼에 의해 수컷이 죽으면서 혼자 남은 암컷이 이곳에서 3년 동안 수절하다 떠나갔다고 한다. 절벽 아래에 '천연기념물 제72호 조학(鳥鶴)번식지 대한민국'이라고 새겨진 표지석만 남아 있다.

퇴계의 시에도 먹황새가 등장한다. 퇴계가 64세 되던 해 늦은 봄 제자인 35세 금란수와 가송의 풍광을 감상하며 주고받은 시에

천연기념물 72호인 먹황새가 서식했던 학소대.

'산고유칭학서비(山孤唯稱鶴栖飛, 산은 외로우나 학이 깃들고 날아든다 할 만하네)'란 구절이 나온다. 조류학자 원병오 교수는 이 시를 소개하면서 이 학이 바로 먹황새라고 설명한 적이 있다. 퇴계가 먹황새 번식지를 일찍이 발견했다는 것이다. 창녕 우포늪에서 중국 따오기를 증식한 경북대 박희천 명예교수는 요즘 이 먹황새 복원에 나

애일당 앞 낙동강은 바지만 걷어올리면 건널 수 있다.

서고 있다. 박 교수는 "퇴계 선생과 먹황새의 이미지는 더없이 잘 어울리는 선비와 자연의 조화"라고 말했다. 농암종택 앞 낙동강에는 지금 먹황새는 보이지 않지만 머리는 검고 배는 하얀 물새들이 한가로이 노닐고 있다.

전망대 아래 강을 내려가면 애일당 쪽으로 바지만 걷어올리면 물을 건널 수 있다. 물은 얕고 돌은 그대로 징검다리가 된다. 남청량 예던길은 그대로 자연의 길, 치유의 길, 사색의 길이 되었다.

주자에서 퇴계로 도통이 이어진 월란정사

산은 강과 어우러지면 풍경과 역할이 달라진다. 청량산은 낙동강을 끼면서 절경이 되고 조선시대 선비들의 이상향이 되었다. 청량산에서 도산서원까지 가는 길은 육로 예던길과 함께 낙동강을 따라 물길로도 이어진다. 청량산을 지나는 낙동강은 주변에 계곡과 기암절벽을 배치한다.

5월 18일. 맑은 날씨. 내리쬐는 5월 햇볕이 한여름을 방불케 한다. 오후 5시가 넘어 마침내 기다리던 관광버스가 이육사문학관 앞에 나타났다. 국학진흥원 직원들이 일요일을 맞아 예던길 답사에 나섰고, 그 버스에 늦게나마 동참한 것이다. 예산처 장관을 지낸 김병일 국학진흥원장과 학봉 김성일 선생의 종손인 김종길 도산서원 선비문화수련원장이 동행했다. 퇴계 선생의 15대손인 이동수(65) 전 성균관청년유도회중앙회장은 직접 문화해설사로 나섰다. 구수하고 깊이 있는 해설이다.

안동시 도산면 토계리 하계마을에 위치한 퇴계 선생 묘소.

　　안동시 도산면 토계리 도산서원 뒤편에는 퇴계의 후손인 진성
이씨 집성촌이 지금도 남아 있다. 상계·하계·원촌(원천) 마을 등
이다. 퇴계종택을 기준으로 주변은 상계, 그 아래가 하계, 종택에서
가장 멀리 떨어진 이육사문학관이 있는 마을이 원촌이다. 상계에
서 내려 온 토계(土溪) 물줄기가 낙동강 본류로 접어드는 어귀에 자
리한 하계는 이만도·이만규 형제, 이중언 등 숱한 독립지사를 배
출하고 퇴계 묘소가 있으며, 원촌은 저항시인 이육사의 고향 마을
이다. 원촌에서 길을 따라 더 들어가면 단사(丹沙) 마을. 여기까지
가 퇴계 후손이 집단으로 살고 있는 마을이다. 버스는 원천교 위로
낙동강을 건너 천사(川沙)로 들어섰다. 우리 말로는 내살미다. 흥미

퇴계가 주자의 도통을 이은 월란암 자리에 세워진 월란정사.

로운 것은 낙동강을 사이에 둔 원천과 천사 마을은 내력이 전혀 다
르다고 한다. 천사 마을은 논이 있고 들이 넓어 풍요롭지만 이상하
게도 진사(進士) 이상 벼슬한 사람은 나오지 않았다. 대신 건너편
원천은 처녀가 쌀 서말을 못 먹고 시집 간다는 말이 있을 정도로
경제적으로 넉넉하지 않지만 벼슬만큼은 끊이지 않았다는 것이다.
그만큼 땅과 기운은 관계가 깊다는 이야기다.

　관광버스는 시내버스 종점에 멈췄다. 여기서부터 도로는 농로
로 좁혀져 승용차 한 대가 겨우 지나간다. 해설을 맡은 이동수 전
회장이 버스에서 내려 동쪽 산 아래를 가리켰다. 보이지는 않지만
그곳에 월란정사(月瀾精舍)가 있다는 것이다. 그는 "월란정사는 퇴

계 선생이 주자(朱子)를 자신의 스승으로 삼고 주자학을 계승하겠다며 오도송(惡道頌, 도를 깨친 노래)을 읊은 월란암(月瀾庵) 옛터"라며 "그 때문에 후학들이 찾으면서 그곳에서만 100여 편의 시를 남겼다"고 설명했다. 퇴계 선생이 요(堯)·순(舜)에서 시작된 유학의 정통 계보를 잇고 성현의 길을 가겠다는 득도 달관한 유서 깊은 공간이라는 것이다.

퇴계 선생의 오도송은 '화서림원시(和西林院詩)'라는 제목으로 남아 있다. 1547년 3월 그의 나이 마흔여섯 때다. 퇴계는 월란암에서 주자의 서림원시를 화운(和韻)해 "산림에서 만고심(萬古心)을 체득하는 법을 정녕 알았다"며 "선생을 따라 도를 배울 수 있어 감개무량하다"고 읊었다.

서림원시에 화답하다(和西林院詩)

봄 산과 묵은 약속 깊었던가	似與春山宿契深
올해도 짚신 신고 또 올라본다	今年芒屩又登臨
쓸쓸히 옛 절 떠올리니 감회가 새롭고	空懷古寺重來感
숲속에서 만고심을 어찌 알 수 있을까	詎識林中萬古心
스승 따라 도 배우려 선림에 머무니	從師學道寓禪林
벽에 붙인 시구에 감개가 깊어진다	壁上題詩感慨深
적막한 우리나라 천년 세월 지난 뒤에	寂寞海東千載後
선생을 비춘 저 달 나에게도 밝게 비춰 다오	自憐山月映孤衾

서림원시는 주자가 스승 연평(延平)을 생각하면서 읊은 오도송이다. 퇴계는 월란암에서 서림원시를 벽에 붙여 놓고 주자를 사숙하면서 득도 달관의 경지를 체험하고 화서림원시를 노래한 것이다. 월란암에 얽힌 이런 이야기는 지금은 고인이 된 권오봉 포항공대 교수가 고증했다.

이동수씨는 "월란정사가 들어선 널찍한 월란대는 또 겸재 정선이 퇴계종택 주변에 위치한 계상서당을 낙동강변으로 끌어당겨 스케치한 장소"라는 설명도 곁들였다. 1000원짜리 지폐 뒷면에 나오는 '계상정거도(溪上靜居圖)' 그림이다. 겸재는 퇴계가 계상서당에서 『주자서절요』를 집필하는 모습을 월란대에서 그렸다는 것이다.

설명이 끝나자 답사 참가자는 모두 돌아서서 버스에 올랐다. 오후 6시까지는 국학진흥원으로 돌아가야 하는 일정이었기 때문이다. 아쉬웠지만 월란정사 답사는 모두 후일을 기약했다. 하는 수없이 이육사문학관으로 돌아와 버스에서 내려 다시 핸들을 잡고 혼자 내살미로 향했다. 해가 지려면 아직 한 시간은 족히 남아 있었기 때문이다. 내살미 시내버스 종점을 지나 길을 물어 산 밑으로 난 좁은 길을 따라 갔다. 삵실 방향이다. 나무기둥에 보일 듯 말 듯 작게 쓴 표지판이 서 있다. '월란정사 0.23㎞.' 자칫하면 놓치고 지나가기 쉬운 위치다. 길은 산 위로 나 있다. 사람들이 거의 다니지 않은 듯 길에는 수풀이 무성하다. 가파른 길을 숨을 헐떡이며 올랐다. 한참을 올라도 건물은 보이지 않는다. 이상하다. 정사가 있을 만한 곳이 아닌데…. 20분쯤을 올랐을 때였다. 길 오른쪽 우거진

월란정사는 담장이 무너지고 잡초가 우거져 있다.

숲 뒤로 기와 건물이 어렴풋이 보였다. 들어가는 길은 잡초에 묻혀 있다. 담장은 허물어지고. 정사 앞뜰은 이름 모를 풀들이 무성했다. 걸음을 떼기가 쉽지 않다. 황성옛터를 찾은 느낌이다. 그래도 '月 瀾精舍(월란정사)' 편액은 흐트러짐 없이 걸려 있다. 축구공만한 말 벌 집이 처마에 두 개나 붙어 있고. 건물 자체도 오랜 기간 손을 대 지 않은 듯 쓰러질 것 같은 황량한 분위기다. 건물 오른쪽은 제법 깊은 계곡이다. 정사로 들어가는 문간채 지붕에도 잡초가 우거지 고…. 문을 열고 조심스레 들어갔다. 문의 창호지는 삭아 구멍이 숭 숭하다. 방과 마루에는 천정에서 떨어진 흙 등이 어지럽게 흩어져 있다. 상량문과 기문은 그대로 걸려 있고…. 인적이 끊긴 지 오래

월란정사는 인적이 끊긴 듯 문종이는 낡아 숭숭 뚫려 있다.

월란정사에 걸려 있는 퇴계의 월란대 시판.

월란정사 앞에 서면 도산서원 쪽과 토계천, 하계·원천 마을이 한눈에 들어온다.

다. 퇴계가 주자의 도학을 이어받은 역사적인 현장이 이렇게 방치 되다니 걱정이 들 정도다.

지금의 월란정사는 퇴계의 제자 김사원(金士元)이 동문인 이덕홍(李德弘)과 10여 년간 수학하던 월란암 옛터에 후손과 후학들이 학덕을 추모해 건립한 것으로 전해진다. 내부에는 퇴계의 월란대 시판이 지금도 걸려 있다.

월란대(月瀾臺)

높다란 산이면 기당이 있고	高山有紀堂
빼어난 곳이라면 물이 감돌지	勝處皆臨水
오래된 암자는 절로 적막해	古庵自寂寞
숨어서 살기에는 괜찮으리라	可矣幽棲子
먼 하늘에 구름은 잠깐 걷히니	長空雲乍捲
푸른 못에 바람이 일려고 하네	碧潭風欲起
원컨대 달 즐기는 사람을 좇아	願從弄月人
관란이 지닌 뜻과 같아지고과	契此觀瀾旨

'관란'이란 『맹자』에 "물을 보는 데도 방법이 있으니, 반드시 출렁이는 물결을 봐야 한다(觀水有術 必觀其瀾)"는 데서 따온 말로, 도(道)는 근본이 있다는 뜻이라고 한다. 정사의 이름 월란(月瀾)은 '달빛이 여울에 아름답게 비춘다'는 뜻을 담고 있다.

월란대에 서니 하계 마을이 발 아래로 펼쳐진다. 하계 들판에는 은빛 비닐하우스가 물결 친다. 낙동강은 옻판대 앞에서 강폭이 넓어졌다가 월란정사 앞에서 좁아져 절벽 아래를 휘돌아간다. 급한 여울이 소리를 낸다. 월란은 도산구곡의 제5곡 탁영담(濯纓潭)과 제6곡 천사(川沙)의 가운데다. 달 아래 반짝이는 낙동강 물결은 아래로 내려가면 도산서원을 만나고 위로 거슬러 올라가면 원천과 고산을 지나 청량산으로 이어진다.

#셋

도산구곡을 거슬러 올라가면 근원은 청량산

　　5월 10일. 맑다. 청량산의 남쪽 기슭으로 이어지는 왕모산에 올랐다. 능선을 따라 청량산 쪽으로 10분을 더 걸어가니 낙동강 쪽 절벽 위로 우뚝 솟은 바위가 나타난다. 왕모산에서 낙동강과 주변 마을이 한눈에 내려다보이는 갈선대다.

　　아찔하지만 눈 아래로 펼쳐지는 풍경이 장관이다. 청량산을 지나온 낙동강이 병풍을 두른 듯 이어지는 암벽 아래로 느릿느릿 지나간다. 오후 4시 강변에 널찍이 펼쳐진 하얀 모래와 자갈이 캔버스 역할을 하는 걸까. 강물은 파란색 물감을 풀어 놓은 듯 푸른 빛을 띠고 있다. 강둑 너머는 하얀 비닐하우스와 녹색의 들판이다. 농부들의 움직임도 디오라마처럼 펼쳐진다. 들이 넓어 뒤로 보이는 마을은 더 넉넉해 보인다. 단사(丹沙) 마을이다. 마을 뒤로 길게 이어진 산들이 붉은 점토질로 되어 있어 여기서 마을 이름이 유래했다고 한다.

도산구곡의 제7곡인 단사. 왕모산 갈선대에서 내려다본 풍광이다.

단사곡(丹砂曲)

푸른 벼랑 구름이 생기려 하고	靑壁欲生雲
푸른 물 그림 속에 있는 듯하네	綠水如入畫
사람들 모여 사는 주진 마을에	人居朱陳村
꽃 피니 무릉도원 따로 없구나	花發桃源界
어떻게 알리요, 만 섬 단사가	安知萬斛砂
하늘 비밀 속에다 갈무리한 줄	中藏天秘戒
아, 나는 신선 비결 어두운 사람	嗟我昧眞訣

서글피 바라보며 한숨만 쉬네　　　　　怅望聊興喟

　　퇴계 선생이 단사를 노래한 단사곡이다. 단사는 시에 나온 내용 그대로 신선이 산다고 할 만큼 그림 같이 맑고 깨끗하다. 퇴계는 도산에서 청량산을 오가며 낙동강을 따라 '단사곡'(丹砂曲) 등 숱한 시를 남겼다. 이들 시에는 자연에 대한 순수한 서경이 담겨 있다. 동시에 조선의 선비들이 추구한 도(道)의 세계가 담겨 있다. 퇴계는 청량산과 낙동강 주변 계곡을 중국의 무이산(武夷山)과 무이구곡처럼 도의 세계에 들어가는 길로 받아들였다.

　　무이구곡은 주자(朱子)가 은거했던 중국 푸젠성(福建省)의 무이산 계곡 물줄기를 따라 9.5km에 펼쳐져 있다. 시냇가에는 36봉우리와 37암석이 절경을 이룬다. 주자는 그 사이로 흐르는 물길을 따라 아홉 굽이를 설정하고 굽이마다 칠언절구 시 한 수를 지었다. 주자의 '무이도가'(武夷櫂歌)는 서시를 더해 모두 10수로 이루어진다. 도학(道學)의 연원은 공자에서 주자로 이어졌다. 주자학이 중국은 물론 조선사회에 큰 영향을 미친 까닭이다. 조선의 선비들은 주자 따라 하기에 매달렸다. 주자가 계곡 물을 거슬러 오르며 지은 무이도가를 수양론의 이상으로 받아들였다. 정신이 흐트러지면 근원을 찾아 올라가 본성을 되찾는다는 뜻에서다. 물을 거슬러 오르며 원두(源頭)를 찾아 욕심으로 더렵혀진 자아를 회복하고자 했던 것이다. 그래서 선비들 사이엔 주변 자연을 구곡으로 이름 짓고 주자의 길을 따르려는 것이 시대의 유행이 되었다.

낙동강과 어우러져 봉우리들이 한눈에 보이는 청량산 전경.

　　도산서원이 있는 예안에서 청량산까지 낙동강 상류를 거슬러 올라가는 아홉 구비 물길 45리는 도산구곡으로 불린다. 도산구곡 이란 명칭은 그림에서 시작되었다. 1566년 조선 명종 임금은 도산을 그려 오도록 명한다. 이후 영조와 정조도 도산을 그릴 것을 명한다. 이 도산을 그린 그림이 청량에서 운암까지 9곡이다. 도산 구곡이란 이름은 퇴계가 붙인 게 아니다. 후손인 이이순이 설정 했고, 이가순은 도산구곡을 시로 남겼다. 이가순의 도산구곡에서 근원이 되는 제9곡은 물론 청량산이다. 이가순의 도산구곡은 제1 곡 운암(雲巖)-제2곡 월천(月川)-제3곡 오담(鰲潭)-제4곡 분천(汾

도산구곡의 가장 아름다운 풍경으로 꼽히는 고산정의 주변 모습과 고산정(아래 사진).

川)-제5곡 탁영담(濯纓潭)-제6곡 천사(川沙)-제7곡 단사(丹砂)-제8곡 고산(孤山)-제9곡 청량(淸凉)이다. 제1곡 운암은 안동시 와룡면 오천리 일대에서 시작된다. 아쉬운 것은 안동댐이 들어서면서 제1곡 운암부터 제5곡 탁영담까지는 많은 부분이 물속에 잠겼다. 선조들이 노래한 아름다운 풍광은 그저 시로 상상할 수 있을 뿐이다.

그래도 도산구곡 중 원형이

상대적으로 잘 보존된 곳은 상류인 제6곡 천사부터. 특히 제8곡 고산은 고산정과 어우러져 지금도 빼어난 경관을 보여 준다.

1월 30일. 안동시 도산면 가송리를 찾았다. 농암종택 이정표를 따라 강 쪽으로 들어서면 가장 먼저 시선을 빼앗기는 곳이 절벽 아래 강변에 외로이 서 있는 정자다. 이름은 고산정(孤山亭). 어떻게 저런 곳에 정자를 세울 생각을 다했을까. 정자가 없었다면 뭔가 허전했을 풍경이다. 정자는 비어 있던 자연에 그대로 화룡점정이 되었다. 고산정은 강 건너 마을 가사리로 들어가는 다리를 건너 왼쪽 둑방으로 이어진다. 한겨울 정자의 문은 닫혀 있고 휙 강 바람이 세차게 지나간다. 정자 앞 낙동강은 꽝꽝 얼어 있다. 정자 뒤 나무는 앙상한데 소나무는 한겨울에도 푸르기만 하다. 예던길을 지나 퇴계 선생은 고산정의 주인이자 제자인 금란수(1530~1604)를 만나 이 정자에서 함께 자연을 노래하거나 고담준론을 나누었을 것이다. 사마시에 합격하고 봉화현감 등을 지낸 금란수는 일찍이 청량산의 여러 암자를 전전하며 학문에 열중하였다. 산수를 지극히 사랑한 나머지 청량산 남록인 고산에 정자를 짓고 유유자적한 것이다. 그는 임진왜란을 당해서는 의병을 일으켰고 그 공로로 좌승지에 증직되기도 했다. 퇴계와 금란수의 다정한 목소리가 들려올 것만 같다. 금란수는 본래 가세가 넉넉지 않아 정자를 짓다가 중단했다고 한다. 퇴계는 이를 안타까이 여겨 도움을 주었고 고산정은 마침내 완공될 수 있었다. 퇴계는 고산을 이렇게 노래했다.

고산(孤山)

어느 해 신부로 단단한 돌 깨었나	何年神斧破堅頑
천 길 절벽 물굽이에 걸터앉아 있구나	壁立千尋跨玉灣
숨어사는 사람이 주인 되지 않았다면	不有幽人來作主
외로운 산 외떨어져 누가 다시 올랐으리	孤山孤絶更誰攀

가송협은 안동지역 산수 경관지 가운데 첫 손에 꼽는다. 전설에
는 낙동강이 산을 안고 돌아 흐르는데 하루는 갑자기 크게 천둥이
치면서 벼락이 떨어져 푸른 절벽을 깨뜨려 강물이 그 사이로 흘러
고산을 만들었다고 한다. 허목은 '(청량산) 축융봉 서쪽에 이르러
양쪽 언덕에 절벽처럼 서서 서로 마주하여 석문이 되는데 고산'이
라고 표현했다. 고산정 맞은 편에 산이 하나 홀로 떨어져 있는 것
이 고산이다. 독산이라고도 한다. 퇴계는 자연을 사랑하며 한편으
로 제자들과 교감을 통해 삶의 참다운 길을 찾아 나선 것이다.

퇴계가 노래한 청량산 시만 수십편

'안동부의 청량산은 예안현 동북쪽 수십 리에 있는데, 나의 선대
부터 살던 집이 그 도정(道程)의 반쯤에 있다. 새벽에 출발하여 산
을 오르면, 해는 정오도 되지 않았고 배도 여전히 불렀다. 이 산이
비록 경계는 나뉘어 다른 고을이지만, 실로 오가산(吾家山)이다.'

퇴계 선생이 주세붕이 청량산을 유람한 뒤 쓴 『유청량산록』에 붙
인 발문의 첫머리다. 퇴계는 청량산을 오가산으로 표현했다. 오가산
이라-. 직역하면 '우리 집의 산'쯤 될 것이다. 자기네 집 산이니 다른
산과 달리 자주 둘러보고 더 애착을 보였을 것이다. 물론 여기서 말한
'가(家)'는 단순한 우리 집에서 나아가 '유가(儒家)'의 의미로도 받아
들여진다. 연대사 등 절이 많아 청량산이 오랜 기간 불가의 산으로 통
했는데 이제는 유가의 산으로 만들겠다는 의지를 담았다는 것이다.
　퇴계는 이른 새벽부터 오가산인 청량산을 찾았다. 그것도 어려

清涼山錄跋 清涼錄周愼齋謙世鴈所休先生爲

安東府之清涼山在禮安縣東北數十里而混先廬
居其程之半焉晨發而登山則日未午而腹猶果然
是雖境分他邦而實爲吾家山也滉少小從父兄輩
箚篝往來讀書於此山不知其幾也靜裡窮經亦或
得力而輕出世路屑屑往來之際沈慶之孔稚圭輩
從喬而編篝亙讖田首仙山三立於烟霞之外數十
年來偃步山爲才一二矣歲巳酉春余縮符于豐郡
幸得周先生景遊遊山錄於郡人固已讀味三復而
餮奇歎矣未幾云郡歸田於山下病卧四年亦未嘗

퇴계가 주세붕의 『유창량산록』에 붙인 발문.

서부터다. 퇴계는 열네 살 때 숙부 송재공 이우를 따라 청량산에 처음 들어간 이후 기회 있을 때마다 청량산을 간다. 퇴계는 단지 청량산을 오르고 경치를 즐기는 게 목적이 아니었다. 청량산에 들어가 책을 읽었다. 그것도 심오한 경서를 읽었다. 조용한 곳에서 책에 담긴 뜻을 파고들기 위해서다. 또 청량산에 갈 때는 책을 읽을 책상까지 짊어지고 오갔다. 대단한 정성이다. 퇴계가 청량산을 오른 것은 수십년 동안이다. 퇴계는 풍기군수를 지낸 뒤 몸져 누운 4

년 동안은 단 한번도 청량산을 찾지 못했다. 그는 찾지 못한 그 기간을 "내 뜻이 아니었다"며 안타까워했다.

청량산 주변 자연 속에 묻혀 지낸 퇴계는 뛰어난 시인이기도 했다. 평생 지은 한시만 3000수가 넘을 정도다. 그가 청량산을 찾으면서 보고 듣고 느낀 것은 수십 편의 시로 남아 있다. 단순히 아름다운 경치를 노래하는 데서 그치지 않고 자연에다 학문의 어려움이나 세상의 이치를 투영시켰다.

청량산 도립공원에 세워져 있는 퇴계 시비.

등산(登山)

그윽한 곳 찾아서 깊은 골 넘고	尋幽越濬壑
험한 데 지나서 겹재 올랐네	歷險穿重嶺
물론 다리는 피로하지만	無論足力煩
오랜 기약 이루어 즐거웁구나	且喜心期永
이 산은 마치 고인 같으니	此山如高人
곧은 절개 품고서 홀로 서 있네	獨立懷介耿

퇴계는 다리가 아프도록 청량산을 다니다가 높은 봉우리를 만나면 절개를 지킨 선인을 떠올렸다. 그가 산을 즐긴 것은 해가 떠 있는 낮 시간만이 아니었다. 달이 뜨는 밤에도 바위에 올라 청량산의 또 다른 모습을 완상했다.

달구경(玩月)

온 바위 우뚝하니 눈이 내린 듯	千巖雪嵯峨
달 뜨니 더욱더 말쑥하구나	月出愈清蕭
유인이 잠 못 들어 앉아 있자니	幽人坐不寐
찬 거울 절집을 비추어 주네	寒鏡低梵屋
밤 깊어 향불마저 적적하거니	夜久香寂寂
참으로 어여쁜 달 그윽하구나	眞成媚幽獨

퇴계는 청량산에 들어가면 절이나 암자에 머물렀던 모양이다. 그러면서도 청량산 곳곳에 사찰만 자리잡은 것이 마음에 걸렸다. 퇴계는 주세붕이 그런 산의 분위기를 바꾸기 위해 원래 불교식으로 지어진 봉우리의 이름을 모두 유가식으로 다시 고쳐 정돈한 것을 높이 평가한다. 오가의 산은 그래서 유가의 산이란 뜻으로 받아들여진다. 억불숭유를 내세운 조선시대 청량산의 승려들은 수시로 찾아오는 퇴계와 그 일행을 맞이하느라 힘든 시간을 보냈을 지 모른다.

청량산을 바라보며(望淸凉山)

신선 산이 숨은 진인 만드는 것 아니나	不是仙山作隱眞
깨끗한 산 바라보니 속된 자취 부끄럽네	望山淸絶愧蹤塵
구름 속 골짜기에 중들이 찼다더니	近聞菑墾侵雲壑
소제하고 정돈한 분 있었음을 알겠네	勒逐風除會有人

나이 스물여섯에 생원, 진사 소과에 급제했던 퇴계는 벼슬보다 학문에 더 뜻을 두었다. 그러나 주위의 권유로 대과에 응시해 34세에 벼슬길에 나선다. 벼슬길에 나선 퇴계는 홍문관 · 승문원 · 경연 · 춘추관 · 호조참판 등 60여 관직을 거친다. 그는 중종부터 인종 · 명종 · 선조까지 모두 네 임금을 모셨다. 그들은 언제나 퇴계를 곁에 두려 했고 퇴계는 사임을 거듭했다. 벼슬을 사양한 것만 모두 79차례나 된다. 무슨 까닭일까. 청량산과 도산에 머무는 것은 퇴계

에게 조정에 나아가는 것보다 좋았다. 선비는 벼슬하는 것보다 수양이 먼저라고 본 것이다. 또 자연에 묻혀 사는 것이 바삐 돌아가는 저자거리를 들르는 것과 비길 바가 아니었다. 청량산은 그대로 그를 깨우치게 하는 도량이었다. 퇴계는 그런 심사를 시에 담았다.

한가로이 앉아(宴座)

조정과 저자는 덕 될 것 없고	朝市竟何裨
산과 숲만 오래도록 싫지가 않네	山林久無厭
여윈 몸 공양받기 좋아하지만	身羸好燕養
둔한 바탕 깨우침 필요하다네	質愚須學砭
절집 창 한낮에도 고요하거니	禪窓白日靜
염주 굴려 염불할 필요도 없네	不用珠數念

퇴계는 어릴 때부터 청량산의 여러 암자에 머물면서 책을 읽었다. 대표적인 암자가 백운암(白雲庵)이다. 27세때 퇴계는 승려 도청(道淸)이 무너져 가는 백운암을 중수하고 기문을 요청하자 글을 쓴다. 백운암기(白雲庵記)다. 여기에 청년 퇴계의 눈에 비친 청량산의 모습이 묘사되어 있다.

청량산은 모두 벼랑의 바위가 우뚝 솟아올라 흙을 이고 층을 이룬 형상으로 되어 있다. 그 층이 여러 개인데, 그 중에서 백운암은 가장 상층에 위치한다. 백운암은 높고 깊어 인적이 드물고 사슴과 고라

니가 더불어 살고 있는 곳이다. 그럼에도 그 땅이 평평하고 넓어 은
거하면서 약초를 심고 소요하며 쉴 만하다. 내 일찍이 유산하는 자
몇 사람과 더불어 지팡이를 짚고 숲을 헤치며 만월암을 지나 곧장
걸어 올라간 적이 있다. 수석이 영롱하고 절집의 창문이 고요함을
보고 몸과 마음이 상쾌해져 아득히 선경에서 노니는 듯한 생각이
들었다. 이곳에 와서 비로소 유산의 묘미를 알 수 있었다…(중략)
예부터 명산과 절경에는 반드시 고인(高人)과 일사(逸士)들이
은거하거나 쉴 수 있는 곳이 있었다. 여산의 백련사와 화산의 운
대 그리고 무이산의 무이정사가 그런 곳이다. 절이 아니면 도교
의 사원으로 유생들이 수양하는 장소였다. 따라서 백운암이 청
량산에 있는 것이 또한 어찌 우연이겠는가?

백운암은 젊은 날 퇴계에게 독서와 수양의 소중한 공간이 된
것이다. 퇴계는 만년에도 매번 봄가을 한가한 때면 집안 식구들과
의논하지 않고 벗들에게 알리지도 않고 홀로 들어가 며칠이고 돌
아오지 않았다. 청량산에 머무르며 책을 읽다가 멀리서 손님이 찾
아오면 함께 산을 오르곤 했던 모양이다. 그런 시간을 즐기면서도
다시 혼자 남으면 스스로 책을 읽어야지 다짐하곤 한다.

박생에게(屬朴生)

손님이 먼 곳에서 찾아주시니　　　　　　客從遠方來

산놀이에 변식을 만난 듯하네	遊山値變食
혼자서 산 속에 머물지라도	獨留山舍中
독서를 그만두면 안 될 일이지	看書應不輟

퇴계는 청량산에서 쉼 없이 책을 읽는 한편으로 산을 오르는 것도 책 읽는 것만큼 즐겨했다. 즐기는 데서 그는 산에 대한 새로운 관점을 터득한다. 산을 찾는 것이 곧 책 읽기와 다름없다는 것이다. 언제나 바닥에서 시작해야 하고 깊은 산을 오르려면 스스로의 내공이 필요한 게 그렇다는 것이다. 산행이 주는 수양 효과라고나 할까. 퇴계는 그런 이치를 알고 꼭대기 오를 것을 권장하면서도 정작 자신은 노쇠하다며 정상에 오르지 않는 것을 자탄한다.

독서가 산놀이와 같고(讀書如遊山)

독서를 남들은 산놀이와 같다는데	讀書人說遊山似
이제 보니 산놀이가 독서와 비슷하네	今見遊山似讀書
공력이 떨어지면 바탕부터 시작하니	工力盡時元自下
얕으나 깊은 곳도 너에게 달려 있네	淺深得處摠由渠
구름 변화 앉아 보면 묘리를 알 수 있고	坐看雲起因知妙
근원 가에 다다르면 시초를 깨닫네	行到源頭始覺初
공들에게 꼭대기를 찾으라 권하고서	絶頂高尋勉公等
노쇠해 그만두니 몹시도 부끄럽네	老衰中輟愧深余

청량산 도립공원 입구에 세워진 퇴계의 '독서여유산' 시비.

　이 시는 지금 청량산 도립공원 입구에 꾸며진 작은 시비 공원
에 대표 시로 우뚝 서 있다. 이 시비의 뒷면에는 '미내개울을 건너
며 산을 바라보다' 등 시 두 수가 더 새겨져 있다. 주변에는 '思無
邪(사무사)' 등 경전의 잠언 일곱 구절도 퇴계의 친필본으로 돌에
새겨져 있다. 봉화군이 퇴계 탄신 500주년을 맞아 2001년 조성한
공간이다. 퇴계의 시는 이곳 말고도 김생굴 등 퇴계의 발길이 닿은
청량산 곳곳에 목판으로 만들어져 등산객을 맞는다.

#다섯

49년간 청량산을 오가다

 퇴계 선생은 청량산을 찾을 때 걸어서도 갔지만 말이나 나귀를 타기도 했다. 예던길은 걷는 길이기도 하지만 말을 타고 가는 길일 수도 있었다. 말을 탄 퇴계의 모습은 언뜻 상상하기 어렵지만 당시 말이 주요 이동수단이었음을 생각하면 이상할 것도 없다. 퇴계는 말을 타고도 이따금 시를 지었다.

여러 사람과 청량산에서 놀기로 약속하고 말 위에서 짓다(約與諸人遊淸凉山 馬上作)

산에 살며 깊숙이 못 간 게 안타까워 　　居山猶恨未山深
새벽같이 밥 먹고 다시금 찾아갔네 　　蓐食凌晨去更尋
눈 가득 봉우리들 나를 맞아 기뻐하고 　　滿目群峰迎我喜

구름 위에 오른 양 시흥을 돕는구나   騰雲作態助淸吟

    퇴계가 청량산을 처음 찾은 것은 1515년 그의 나이 열네 살 때로 짐작된다. 그가 남긴 시에 등장하는 가장 이른 연대다. 물론 이보다 앞설 수도 있다. 퇴계는 당시 형 이해와 함께 정신적 멘토였던 숙부 송재공을 모시고 청량산을 찾아 책을 읽었다. 훗날 퇴계가 주세붕의 『유청량산록』에 발문을 쓰면서 "나는 어려서부터 부형을 따라 책 바구니를 메고 오가며 이 산에서 글을 읽은 것이 몇 번인지 모른다"고 했는데, 바로 이 무렵 청량산에서 독서한 일을 가리킨다. 송재 이우(1469~1517)는 연산군 때 문과에 급제해 경상도관찰사·이조참판 등 여러 관직을 지냈다. 훗날 백발이 된 퇴계는 조카 손자들과 함께 청량산을 찾아 당시를 떠올리며 숙부를 회고한다.

    지난 을해년(1515, 중종10) 봄에 숙부 송재 선생이 산에서 노닐다가 상청량암에 머물 때, 나와 여러 형제들이 함께 모셨다. 지금 이곳에 오니 눈물을 감출 수 없어 조카와 손자들에게 보이다. 2수(往在乙亥春 叔父松齋先生遊山 寓上淸凉庵 滉與諸兄弟侍 今來不勝感涕 示諸姪孫 二首)

청량사 속에서 모시고 놀던 생각   淸凉寺裏憶陪遊

총각머리 이제는 백발이 되었구나   丱角如今雪滿頭

학 타고 산천 변화 몇 번이나 보았던고   鶴背幾看陵谷變

남기신 시 다시 보며 하염없이 눈물짓네	遺詩三復涕橫流

거듭 오니 이 몸의 사람됨을 알겠는데	重尋唯覺我爲人
유수에 복사꽃은 몇 번이나 지났는가	流水桃花幾度春
너희도 훗날에 내 마음을 알리라	汝背他年知我感
그때에 나 또한 너희처럼 어렸으니	當時同汝少年身

　　퇴계는 조카·손자를 데리고도 청량산을 찾았지만 문인들과
도 자주 어울렸다. 1564년 4월 퇴계는 제자들과 함께 청량산을 유
람한다. 주요 제자들이 모두 나섰다. 이문량·금보·금난수·김부
의·김부윤·권경룡·김사원·류중엄·류운룡·이덕홍·김응
린·남치리, 조카 이면교, 손자 이안도 등이 함께 했다. 퇴계는 산
행이 성황을 이루자 "함께 유람한 이는 모두 영재들이라"고 격려
했다. 산행은 자연의 아름다움을 즐기기 위한 것만이 아니라 강학
의 연장이었다. 1565년 2월에는 퇴계가 청량산 보현암에 거처하면
서 이덕홍에게 『논어』를 강론하기도 한다.

　　퇴계는 문인들과 산행을 하면서 함께 가기로 하고 약속 장소에 나
타나지 않은 조목을 그리며 시를 짓고, 앞서간 사람을 뒤쫓아가며 또 시
한 수를 남기기도 했다. 또 여러 사람과 함께 산을 유람하다 힘이 부치
면 먼저 내려와 암자에 쉬는 등 청량산을 유람하며 지기와 교유했다.

여러 사람과 외산에서 노닐다가, 나는 험한 곳이 두려워 보현 암으로 돌아와 앉아 짓다(諸人遊外山 滉畏險中返坐普賢庵作)

내산이 온갖 승경 갖추었는데	內山諸勝具
외산도 깎아질러 빼어나도다	外山更巉絶
만 길 골짜기 아래에 있고	下臨萬丈壑
중턱엔 네댓 절 걸려 있구나	中懸四五刹
병든 다리 높은 곳 가기 어려워	病脚澁登危
날랜 이 앞서가도 달게 여기네	讓勇甘自劣
홀로 돌아와 방에 앉아서	獨來坐一室
초연히 깨닫고서 기꺼워하네	超然自惡悅

청량산은 지금 깎아지른 외산을 오르고 내려오다 쉴 수 있는 절은 청량사 하나뿐이다. 유리보전이 있는 중창한 청량사가 있고 거기서 외따로 떨어져 금탑봉 아래 부속건물인 응진전 한 채가 있는 게 전부다. 응진전 요사채는 지금도 사람이 북적이지 않고 조용히 쉴 수 있는 공간이다.

3월 15일. 응진전 요사채인 무위당(無爲堂)에 들렀다. 무위당 운경(雲鏡) 스님은 오가산과 청량사의 관계를 잠깐 언급했다. 그는 불교가 국교나 다름없던 신라나 고려 때만 해도 청량사 일대 땅은 사찰이 소유했을 것으로 추정했다. 청량산이 한때는 불가(佛家)의 산이라는 말도 같은 맥락이다.

그러나 지금은 청량산이 유가의 산이 되면서 산의 소유 관계도 크게 바뀌었다고 한다. 청량산은 오가산이란 말 그대로 지금 대부분이 퇴계 가문인 진성이씨 소유로 되어 있다. 퇴계의 5대조 이자수(李子脩)가 송안군(松安君)으로 책봉되면서 나라로부터 청량산을 봉산(封山)으로 받았기 때문이다. 운경 스님은 그래서 "청량사 부지도 현재 진성이씨로부터 영구 임차하는 형식"이라고 설명했다.

여하튼 퇴계는 숙부와 함께 청량산을 들른 이후 그곳에서 수시로 책을 읽고 문인들과 세상 이치를 묻고 답하며 또 자신을 갈고 닦았다. 주자가 무이산을 찾아 주자학을 정립하듯 퇴계는 청량산에서 학문과 사상을 가다듬은 것이다.

퇴계가 청량산을 찾은 기간은 얼마나 될까. 그가 남긴 청량산 시 가운데 그 기간을 짐작할 수 있는 구절이 나온다. 제자 이굉중이 청량산에서 부친 절구 세 편을 보고 지은 시에 '그 옛날 천 길 구릉 올랐던 일 생각나서/돌아보니 사십구 년 흘러가 버렸구나/이제는 다리 아파 빨리 걷기 어려워/맑은 빛 구름 사이 오래도록 못 갔겠네'.

내용으로 미루어 퇴계가 63세 되던 해에 지은 시로 보인다. 퇴계는 열네 살에 송재공을 따라 처음 청량산을 찾은 이래 그때까지 적어도 49년에 걸쳐 청량산을 오간 것이다. 퇴계 스스로 자신을 '청량산인(淸凉山人)'으로 부른 이유를 알 만하다.

1780년 8월 청량산을 유람한 박종은 '선생이 진실로 이 산의 주인'이라고 표현했다. 그는 "청량산은 퇴계를 기다려 이름을 얻은 것이다. 그러니 산이 비로소 선생에게 크게 대우를 받은 것이고 앞의 억만년 동안 최치원, 김생이 있어 사람들의 입에 오르내린 것은 작은 대우를 받은 것이다. 이 산 봉우리 하나, 바위 하나, 물길 하나, 돌 하나가 모두 선생이 유람하며 보고 좋아하여 즐기지 않은 곳이 없다"고 적었다.

#여섯
위험한 겨울 청량산을 더 즐기다

퇴계 선생은 청량산에 대한 소회를 국문 시가로도 남겼다. 대표적인 시가가 '청량산가'이다. 퇴계가 지은 청량산 한시들은 청량산을 찾은 후학들에 의해 화답시·차운시가 숱하게 지어지지만 청량산가는 국문 시가였기 때문인지 퇴계의 작품이면서도 그다지 사랑 받지 못했다. 퇴계는 '도산십이곡발'에서 읊는 시와 노래하는 시의 차이를 이야기하고 노래하는 시의 필요성을 강조한다. 또 노래하는 시는 한시 아닌 국문 시가로 지어져야 하기 때문에 도산십이곡을 짓는다고 밝히고 있다. 그래서 안동대 주승택 교수는 "퇴계 후학들은 퇴계의 모든 것을 본받으려 노력하면서도 유독 국문 시가만은 본받으려 한 흔적이 거의 보이지 않는다"고 비판했다. 청량산가는 그런 국문학적 의미도 담고 있다.

청량산 육육봉을 아는 이 나와 백구(白鷗)로다

백구야 날 속이랴 못 믿을손 도화(桃花)로다

도화야 물따라 가지 말라 어자(漁子) 알가 하노라

퇴계는 이 시가에서 청량산의 아름다움을 아는 것은 백구와 자신뿐이라면서 청량산의 아름다움이 세상에 알려지는 것을 꺼리는 듯한 태도를 보인다. 그러나 이것은 퇴계가 혼자 청량산의 아름다움을 즐기겠다는 태도라기보다 청량산 인근에 도산서당을 지어 학문을 닦고 수양하는 데 방해받고 싶지 않다는 뜻을 담았을 것이다. 퇴계는 여기서 청량산 12봉을 굳이 육육봉으로 표현한다. 이는 말할 것도 없이 자신이 흠모한 주자(朱子)의 무이산 육육봉과 연관시키기 위해서다. 주자가 쓴 육육봉은 본래 중국 무이산의 36봉을 말한다. 그러나 청량산은 무이산에 비해 규모가 작은 데다 주세붕이 이름을 붙인 것은 12봉우리뿐이었다. 퇴계는 주세붕의 12봉을 육육봉으로 달리 부름으로써 청량산을 무이산과 연결지은 것이다. 청량산이 곧 조선의 무이산이라는 뜻이다. 그만큼 퇴계에게 청량산은 산 이상의 의미를 지니고 있었다.

퇴계가 청량산을 좋아한다는 이야기는 당시 주변에 널리 알려졌던 모양이다. 일부 지인은 퇴계가 학문을 닦고 수양하는 것과 무관하게 단순히 산을 좋아하는 것으로 이해했던 모양이다. 당시 이조와 호조·형조·공조 판서를 지낸 조사수(1502~1558)는 금강산을 유람할 수 있도록 퇴계를 강원감사로 천거했다. 퇴계는 그 뜻이 고마웠지만 강원도 전체를 책임지는 관찰사가 어찌 밖으로 유람이나 다닐 수 있겠느냐 싶어 정중히 사양한다.

유람에 게을러서(倦遊)

옛 친구 이 몸을 추천하면서	故人欲薦我
단구를 유람하라 권하여 오네	勸我遊丹丘
이 뜻은 진실로 고맙지만	此意固已厚
이 일이 어찌 근심 아니랴	此事寧非愁
어떻게 한 고을 감사가 되어	焉有受方面
고을 밖 유람이나 꾀하겠는가	爲謀方外遊

퇴계가 청량산을 찾은 것은 유람 자체보다 공부와 수양이 중요한 목적이었다. 그렇지만 세상 일은 뜻대로 되지 않았다. 천하의 퇴계도 청량산에서 파고드는 공부가 더디기만 했다. 시간은 속절없이 지나가고 계절도 바뀌는데…그는 공부에 큰 진척이 없음을 깨닫고는 속도에 얽매이지 말자며 스스로를 달랜다. 대학자도 공부가 여의치 않았던 것일까. 어찌 보면 그만큼 자신에게 엄격하고 또 겸손한 마음의 표현일 것이다.

금협지가 청량산에 놀다가 돌아와 시를 보여 주기에 그 몇 수에 화답하여(琴夾之遊淸凉山回　詩來示 就和其若干首)

백발이 희끗희끗 병이 든 이 한 몸	白髮星星一病身
산속에서 일찍부터 글 읽던 사람일세	山中曾是讀書人
찬 등불 고요한 방 하루하루 지나고	寒燈靜室夜還晝
잔 글자 밝은 창 가을 다시 봄일세	細字明窓秋復春
그리워 몇 번이나 맑은 꿈 두르고서	戀係幾番淸夢遶
둔한 재주 늦게나마 새롭길 바랐다네	力微猶冀晩功新
어찌하면 다시금 즐길 계책 이루어서	何因得遂重遊計
그대와 만 권 책 거듭 펼쳐 보리오	與子重開萬卷親

산속에서 글을 읽다가 느낀 바가 있었다	山中讀書有感

적막한 물가에서 한 달이나 공부해도	一月攻書寂寞濱
돌아오니 그대로라 한숨만 나는구나	歸來身業歎靡新
나아가고 싶거든 오래 하라 권하니	勸君欲進須持久
진척을 따지다간 도리어 무너지리	計較工程卻壞人

집에 돌아와 깊이 따져보다가 스스로 탄식하였다	歸家繹繹自歎

퇴계는 책을 읽는 틈틈이 청량산 곳곳을 유람한다. 연대사에서

는 문인들과 술잔을 나누며 시를 주고받는다. 최치원이 머물렀다는 풍혈대와 치원대, 김생이 10여 년간 수행한 김생굴에 들러서는 그들과 만난 듯 소회를 시로 남긴다. 지금은 터만 남은 김생굴 앞 김생암도 찾는다. 그리고는 청량산을 내려온다. 산을 내려오면서도 자연에 몰입했던 퇴계에게 감회가 없을 리 없다.

산을 내려오며(下山)

만 길 벼랑 위에 가끔 머물며	移棲萬仞崖
아래를 굽어보니 바닥 없었네	其下臨無底
병든 몸 험한 곳 두렵거니와	抱病畏處險
늙은 몸 맡기기엔 불안하였네	頗妨寄衰齒
나는 듯이 하산하여 떠나가려니	倏然下山去
구름에 잠긴 숲은 아득하고녀	雲林杳幾里

퇴계는 평생 주자가 간 길을 따르려 했다. 주자는 그의 학문적 멘토였다. 청량산을 찾을 때는 주자의 무이산을 떠올렸고 주자가 무이산에서 한 것처럼 그곳에서 책을 읽고 제자들과 문답하며 학문을 닦았다. 또 주자가 겨울에 형산(衡山, 중국 후난성에 위치한 산으로 오악 중 남악에 해당)을 자주 올랐던 걸 떠올리며 겨울 청량산을 좋아했다. 대표적인 작품이 '동짓달에 청량산에 들어가서(十一月入淸涼山)'란 시다. 퇴계는 장문의 이 시에서 '…깊은 숲엔 오래된 눈이 쌓였

고/밝은 해 잔 그림자 하나 없었네/비탈길 벼랑처럼 미끄러웠고/그 밑은 파놓은 함정 같았네…'라며 겨울 산의 위험을 목격하면서도 '가고 또 가자니 힘은 다해도/오르고 오르려는 마음 더 굳어지네'라며 그래도 겨울 산을 가겠다는 결심을 밝힌다. 퇴계 이후 권호문·김중청·이익 등 3명이 겨울에 청량산을 찾은 것도 퇴계의 영향을 받아서였다.

청량산을 노래한 시를 지을 때도 주자의『운곡잡영(雲谷雜詠)』의 운을 빌렸다. 운자만 차운한 것이 아니라 '등산' '완월' '권유' '연좌' '하산' '환가' 등 제목까지 따왔다. 퇴계는 청량산을 유람하면서 주자의 학문을 다시 이 땅에서 꽃피우겠다는 다짐을 한 것으로 보인다.

집으로 돌아온 퇴계는 청량산에 오른 것을 기꺼운 마음으로 돌아본다. 산을 찾으면서 세상 근심을 잊는다. 퇴계는 청량산에서 몸과 마음을 닦은 것이다.

집으로 돌아와서(還家)

산에서 노닐면서 무얼 얻었나	遊山何所得
농사로 친다면 추수와 같네	如農自有秋
예전의 서실로 돌아와서는	歸來舊書室
조용히 향불 연기 마주하였네	靜對香烟浮
산중 사람 된 것이 오히려 낫고	猶堪作山人
세상 근심 없으니 다행이구나	幸無塵世憂

퇴계는 청량산을 유람한 감회를 대부분 시로 적었다. 청량산만 다룬 게 모두 55편이다. 청량산 주변의 절경이나 자신이 살았던 도산, 도산에서 청량산으로 가는 30리 길에 적은 소회 등을 읊은 시는 더 많다. 55편 청량산 시의 마지막은 꿈 이야기다.

1567년 새로 등극한 선조는 퇴계를 거듭해 부른다. 퇴계는 1568년 7월 도성으로 들어간다. 그곳에서 선조에게 강의하는 등 중요한 일을 맡지만 퇴계는 청량산으로 돌아가고 싶은 마음이 간절하기만 했다. 그 무렵 정유일(鄭惟一)이 청량산을 유람하고 돌아와 지은 시를

청량산 등산로 곳곳에서도 퇴계 시를 만날 수 있다.

보내오자 퇴계는 청량산이 더더욱 그리워졌다. 잠자리에 든 퇴계는 그리움이 사무쳐 꿈속에서 청량산을 유람한다. 몽유도원도가 펼쳐진다. 퇴계에게 청량산은 꿈속에서도 나타나는 이상향이었던 것이다.

꿈에 청량산에서 논 두 수(夢遊淸凉山二首)

산수에 병이 깊고 일 아직 한미한데	泉石烟霞事未寒
늘그막에 잘못하여 벼슬길에 들었다	暮年身誤入槐安
유선침 빌릴 줄 어떻게 알았나	那知更藉遊仙枕
청량이라 복된 산에 오르게 될지를	去上淸凉福地山
이 몸이 시원하게 어구 바람 몰고서	身御冷然禦寇風
천 개의 바위를 하룻밤에 다 돌았네	千巖行盡一宵中
노승이 나에게 밀짚모자 건네주며	老僧贈我田家笠
일찌감치 돌아와 시골노인 되라 하네	勸早歸來作野翁

#일곱
김생굴 아래 세워진 청량정사

　　5월 3일. 청량산은 이름 그대로 맑고 서늘한 기운이 온 산에 가득하다. 이따금 청량산을 지나던 미세먼지도 황사도 이날은 보이지 않는다. 청량사는 초파일을 사흘 앞두고 오색 연등을 길을 따라 수놓았다. 김생굴에서 청량정사로 내려왔다.

　　청량산은 조선시대 주세붕 이후 '유가의 산'으로 변모했다지만 산에서 그런 흔적을 찾기란 쉽지 않다. 있다면 주세붕이 명명한 산봉우리 표지석이 최근에 세워졌고 건물이라면 청량정사(淸凉精舍) 하나가 있을 뿐이다. 청량산 안에는 경치가 빼어난 곳에 들어서는 그 흔한 정자 하나 세워진 게 없다. 퇴계 선생은 청량산을 찾아 책을 읽고 강학했지만 그곳에 있던 암자에 머무르며 어떤 구조물도 새로 만들지 않았다. 유일한 청량정사도 후학들이 선생의 뜻을 기려 사후에 지은 것이다. 대신 산봉우리 이름을 바꾸고 산에서 느낀 감회를 시로 남기며 무형의 가치를 더했을 뿐이다. 자연에 그대로

눈 내린 청량정사의 모습. 퇴계 사후 사림이 세운 건물이다.

순응한 것이다.

　청량정사 옆에는 '산꾼의 집'이 있다. 이곳에 거처하는 김성기
씨가 청량정사를 관리한다. 청량정사 앞에 안내판이 세워져 있다.

　'청량정사 ⋯ 경상북도 문화재자료 제244호 봉화군 명호면 북곡
리 ⋯ 연화봉과 금탑봉 사이의 계곡에 자리 잡은 청량정사는 퇴
계 이황(1501~1570)이 청량산에 유산한 것을 기념하기 위해 사
림들이 논의하여 1832년(순조32)에 건립되었다. 이후 청량정사
는 선생의 뜻을 기리는 많은 후학들에게 학문과 수양의 장소가
되었으며 구한말에는 청량의진이 조직되어 의병투쟁의 근원지

청량정사는 퇴계와 관련돼 청량산에 들어선 유일한 건물이다.

가 되기도 하였다. 현재의 건물은 1895년 일본군의 방화로 소실
되었던 것을 1901년에 중건한 것으로 정면 5칸, 측면 1칸 반 규
모로 되어 있으며, 본채는 2칸 마루방을 중심으로 왼편에 지숙료
(止宿寮)를, 오른편에 운서헌(雲棲軒)을 두었다. 당호는 오산당
(吾山堂)이고 문은 유정문(幽貞門)이며 현판 글씨는 조선 말기
의 서예가 혜사 김성근(1835~1919)이 썼다.'

유정문의 빗장을 열고 청량정사로 들어섰다. 정사 앞뜰에는 잡
초가 제법 자랐고 정사 난간은 먼지가 앉아 있다. 한동안 사람의
손길이 닿지 않은 게 역력하다. 청량정사라는 편액이 가운데 걸려

청량정사의 당호인 '오산당' 편액은 문을 열고 마루로 들어가야 볼 수 있다.

청량정사 왼쪽 처마 밑에 걸려 있는 '지숙료' 편액.

퇴계가 '우리 집 산'으로 부르면서 붙여진 오가산은 청량산의 별칭이 되었다. 이만여가 쓴 『오가산지』.

있고 지숙료와 운서헌 편액도 보인다. 퇴계의 9대 손인 이이순(李頤淳, 1754~1832)은 청량정사 창건기에 편액 이름의 유래를 밝혀 두고 있다. 오산당은 『유청량산록』 발문 중 '위오가산(爲吾家山)'이란 말에서 따왔다. 운서헌은 청량산을 읊은 시 '입산(入山)'의 '갱련오당정운서(更憐吾黨靜雲棲, 구름 속에 쉬는 벗들 다시금 반갑구나)'라는 구에서, 지숙료는 도산서원 농운정사의 편액 이름에서 각각 취했다고 한다. 또 유정문이라는 말은 『주역』의 '이도탄탄 유인정길(履道坦坦 幽人貞吉)'에서 따온 말로 도산서당의 출입문인 싸리문이 유정문인 데서 연유한다. 지숙료 편액 위에는 새가 작은 가지를 물어날라 집을 지었다. 정사의 문을 열고 다시 방안으로 들어갔다. 마루방 위로 당호인 '吾山堂(오산당)'이란 편액이 걸려 있다. 마루방의 뒷문을 여니 저 멀리로 김생굴이 올려다 보인다. 청량정사는 바로 김생굴 아래에 위치해 있다. 지숙료의 창호지는 누렇게 색이 바랬다. 방문을 여니 전기밥솥과 방석 등이 한쪽에 놓여 있다. 그러나 천정의 흙은 떨어지고 박쥐 똥도 어지러이 흩어져 있다. 관리의 손길이 미치지 않은 게 상당 기간 지난 모양이다.

한동안은 여기서 거경대학(居敬大學)이 운영되었다. 인근 안동·봉화 등지에서 대학교수 등이 중심이 돼 『논어』 등 경서와 퇴계의 저작을 읽었다. 청량산에서 퇴계의 정신을 이어가자는 프로그램이다. 퇴계의 15대손인 이동한 전 충북대 교수가 중심이 되었으나 한달 전쯤 돌아가셨다. 거기다 산꾼의 집에 20여 년을 거처하며 청량정사를 관리해 온 이대실씨도 비슷한 시기에 세상을 떠났다. 관리가 부실해질 수밖에 없는 사정이 생긴 것이다. 이대실씨를 이은 김성기씨는 그동안 청량산만 100여 차례 올랐다는 '산 사람' 이다. 김씨는 앞으로 10년 동안 청량정사를 돌보게 된다.

1832년 퇴계의 후손이 중심이 돼 세 칸으로 지어진 오산당은 안동 일대 강학의 본산이 되었다. 규장각에 소장된『청량강의』에는 1850년부터 1857년까지 600명의 회원이 오산당에 모여『대학』『중용』『근사록』등의 책을 놓고 며칠에 걸쳐 강론했다는 기록이 나온다. 성황을 이루었음을 짐작할 수 있다. 그러나 오산당은 불행히도 60여 년 만에 재앙을 만난다. 1896년 일본군은 오산당이 의병의 거점이 되자 몽땅 불태워 버렸다. 건물은 자취를 감추었고 그 자리엔 가시나무와 쑥대가 무성해졌다. 보다 못한 후손과 인근의 선비들이 다시 복원에 나섰다. 1901년 오산당은 건물 앞 부분을 조금 늘려 다시 모습을 드러냈다. 지금의 청량정사이다. 안동의진을 결성한 한말 의병장 김도화(金道和 · 1825~1912)는 오산당 중건기를 썼다. 일제강점기에 일본군이 불태운 의병의 거점이 의병의 손을 거쳐 되살아난 것이다.

6장
유가의 산

하나
주자는 무이산, 퇴계는 청량산

조선시대에는 선비들이 산을 찾는 것을 두고 '등산'이나 '산행' 대신 '유산(遊山)'이란 표현을 많이 썼다. 산을 유람한다는 뜻이니 산에 오른다거나 산으로 간다는 것보다 더 낭만적이다. 사대부들은 유산을 한 뒤에는 유록(遊錄)이라는 기행문을 남겼다. 특히 퇴계 이황 선생이 소백산 기행문인 '유소백산록(遊小白山錄)'을 쓰고 그 효용을 언급하면서 이후 사대부의 산행 지침이 되다시피 했다. '진실로 유산하는 자는 유록을 남겨야 한다. 왜냐하면 기행문은 등산에 유익함을 주기 때문이다.'

선비나 사대부에게 유산은 여가활동 중 중요한 부분을 차지했다. 유산은 단순한 등산이나 놀이를 넘어 배움의 연장이었다. 유산을 통해 심신을 수양하고 학문적 깊이를 더하려 하였다. 유산기는 조선시대 기행문학의 한 장르를 이룰 만큼 지속적으로 창작되었다. 전하는 것만 650여 편에 이른다. 유산기로 보면 금강산을 유람한 기록이 가장 많다. 다음은 지리산이고 그 다음이 청량산이다. 그 동안 발견된 청량산 기행문만 100여 편이 되고 시는 1000여 수에 이른다. 그 뒤를 이어 소백산·묘향산 등이 나온다. 산의 규모나 지명도를 고려하면 청량산이 유독 유산기가 많은 것이다.

이유는 물론 청량산에 남긴 퇴계의 발자취 때문일 것이다. 퇴계는 어릴 때부터 숙부와 형을 따라 청량산을 오가며 공부하였다. 공부하고 책을 읽은 곳은 사찰이나 암자였다. 마을에서 멀리 떨어진 암자는 사람의 왕래가 적은 데다 분위기가 한적해 독서와 사색을 하기에 최적의 공간이었기 때문이다. 요즘도 고시를 준비하는 수험생들이 절을 찾아가듯이 조선시대 젊은 선비들도 과거를 준비할 때는 흔히 암자를 찾아갔다. 퇴계의 숙부이자 스승이었던 송재 이우도 10여 년간 청량산에서 공부한 뒤 과거에 합격했다. 그렇다고 퇴계가 과거를 준비하기 위해 청량산을 찾은 것은 아니지만-.

퇴계는 관직에 오른 뒤로 청량산을 자주 찾지는 못했지만 항상 그리워하며 '청량산인(清凉山人)'으로 자처했다. 벼슬에서 물러나서는 제자들과 함께 두 차례 청량산을 유람하였다. 또 청량산을 '오가산(吾家山)'이라 부르며 각별한 관심을 나타냈다. 후손과 후학은 청량산에 오산당을 세우기에 이른다. 이후 청량산은 주자(朱子)의 무이산(武夷山)처럼 퇴계의 학문과 사상이 완성된 곳으로 상징화된다. 후학과 퇴계를 존경하는 사람들은 그때부터 청량산을 퇴계의 정신이 깃든 순례지로 받아들였다. 한말의 학자 송주환(1870~1954)은 일제강점기인 1922년 청량산을 돌아본 뒤 "청량산은 우리 퇴계 선생의 오가산"이라며 "현인들 가운데 선생을 그리워하는 자들은 반드시 이곳을 찾으니 그 발자취가 끊이지 않았다"고 기록했다. 청량산은 퇴계학·퇴계학맥의 본산이 된 것이다.

#둘

청량산 유람, 선비의 유행이 되다

청량산은 조선시대 주세붕이 유람한
이후 방문객의 계층이 달라지기 시작했다. 골짜기마다 들어선 사
찰·암자에 승려와 신자가 드나들던 이전과는 딴판이었다. 퇴계
이황 선생은 문인·제자들과 이따금 청량산을 찾았다. 퇴계가 세
상을 떠난 뒤에는 제자와 사대부 등이 잇따라 청량산을 들렀다.
처음엔 안동 인근의 남인이 많았지만 나중에는 멀리 기호지방 노
론·소론 출신으로 확대되었다. 유산기가 전하는 문인만 100여 명
에 이를 정도니 전체 방문객을 짐작할 만하다. 이른바 유림이 찾는
유가(儒家)의 산이 된 것이다.

유산기를 쓴 대표적인 인물은 우선 퇴계의 제자 권호문
(1532~1587)을 꼽을 수 있다. 권호문은 퇴계의 문하생으로 류성
룡·김성일과 교분이 두터웠다. 그는 1570년 11월 5일부터 12월 3
일까지 한 달 가까이 청량산을 찾아간다. 계절은 한겨울이다. 겨울

에 무이산과 청량산을 오른 주자와 퇴계를 본받고 싶어서였다. 그 때의 기록은 '유청량산록'에 남아 있다. 눈 때문에 미끄러운 층계를 따라 치원대를 오르고 샘물이 얼까봐 장작을 빙 둘러 놓은 총명수를 만난다. 권호문은 김생굴에서 내려오다 끊어진 길이 나타나자 "가파르고 깎아지른 곳에서 용기를 내지 않으면 한 걸음도 나아갈 수 없는 것이 도를 행하는 것과 같다"고 동행한 승려들에게 말한다. 그는 12월 3일 아침 청량산에서 퇴계의 장손인 이안도의 편지를 받는다. 선생의 병환이 위독하다는 전갈이었다. 바로 하산한다. 그는 저녁 무렵 계상서당에 이르러 선생을 만난다. 퇴계가 "청량산에서 오는가?"라고 묻자 권호문은 감회를 말씀드린다. 퇴계는 고개만 겨우 끄덕였다. 그로부터 닷새 뒤 퇴계는 세상을 떠난다. 권호문은 선생의 긴박했던 마지막 모습을 비교적 자세히 '유청량산록'에 남겼다.

"선생은 가래와 열이 끓어 말하기조차 힘들어 하셨다. 여러 자제들과 함께 곁에서 시중을 들었다. 영주의 참봉 이석간, 풍기의 생원 민응기, 분천의 판사 이연량 등이 모두 모여 맥을 짚고 약을 조제하였으나 조금도 효과가 없었다. 이때 집 안팎에서 함께 시중 든 사람이 칠십여 명이었으나 정성이 통하지 못했다. 8일 신축일에 선생은 정침에서 돌아가셨다. 태산이 무너지고 대들보가 꺾이니 그 애통함이 어떠하겠는가? 사서(司書)와 사화(司貨)·상례(相禮) 등의 일은 여러 제자가 각각 책임을 맡아 조금도 차

질이 없었다. 이날 밤 바람이 불고 눈이 크게 내려 사람들이 얼어 죽을 뻔했으나 일하는 사람들은 추위도 잊은 채 있는 힘을 다했 다. 장례를 치른 뒤 빈객은 서로 통곡하고 흩어졌다. 나는 도산서 원 시습재에 머물렀는데 산에 가득 낀 구름은 참담하게 수심을 머금은 듯했다. 또 눈에 보이는 사물마다 옛 생각을 떠오르게 하 여 나도 모르게 두 줄기 눈물이 흘러내렸다."

그때부터 문인들은 퇴계를 만나러 가듯 잇따라 청량산을 찾아간 다. 젊은 시절 청량산에서 책을 읽었던 조목은 퇴계가 세상을 떠난 뒤 1578년과 이듬해, 1585년, 1601년 등에 제자들과 수차례 청량산을 찾 았다. 또 퇴계의 제자인 이덕홍과 금응훈 · 정사성도 1580년 겨울 청 량사에서 『주자전서』를 강론하며 스승의 뜻을 기린다. 제자의 자손들 도 청량산을 찾았다. 퇴계의 제자인 김부륜의 아들 김영(1577~1641)과 김부인의 아들 김기(1547~1603) 등이 청량산에 올라 한시를 남겼다.

17세기에는 안동 등지에 살거나 관직에서 물러난 후학들 이 청량산을 유람하고 시문을 남겼다. 김시양(1581~1643) · 김휴 (1597~1638) · 김시온(1598~1669) · 홍여하(1621~1653) 등이 대표적 이다. 류성룡의 아들 류진(1582~1635)도 1614년 청량산을 유람하 고 '유청량산일기'를 남겼다. 그는 '청량산이 청진하고 수려함이 묘향산 · 금강산과 으뜸을 다투는데 이 산은 선현이 머문 곳이므 로 풀 한 포기, 나무 한 그루도 모두 광영을 입고 있어 묘향산 · 금 강산과 비할 곳이 아니라'고 적었다. 그는 청량산 도처에서 부친의 스승인 퇴계의 자취를 찾았으며 퇴계가 시를 남긴 장소에서는 그 시를 암송했다. 또 백부 류운룡과 스승 사이의 일화도 떠올렸다.

퇴계의 제자 정구를 계승한 허목(1595~1682)은 1654년 동해안을 따라 청량산을 유람한 뒤 '청량산기'를 남겼다. 허목은 66세에 벼슬을 시작해 대사헌·이조판서·우의정을 지내고 독특한 전서체를 완성한 인물이다. '태백산 동남쪽은 백석산이고, 남쪽은 두타산, 서남쪽은 청량산이다'로 시작하는 그의 유산기는 간결한 문체로 청량산의 풍광과 유적을 묘사하고 있다. 영해에 세거하던 이휘일(1619~1672)·이현일(1627~1704)·이숭일(1631~1698) 등 형제도 퇴계의 발자취를 찾아 자주 청량산을 들렀다.

기호지방에서 퇴계의 학문을 잇고 따르던 이익(1681~1763)은 1709년 청량산을 오르고 '유청량산기'를 남겼다. 안중암을 들른 감회는 이렇게 적혀 있다. "안중암에는 널판으로 벽을 가린 곳이 있었다. 노선생(퇴계)께서 이름을 지었다고 하나 지금은 필적을 찾을 수 없었다. 이곳을 유람한 사람들이 다투어 기둥과 처마에 이름을 적었지만 널판 옆은 더럽히지 않았으니 영남 사람들이 선생을 존경하는 마음을 엿볼 수 있었다." 그는 청량산에서 생전에 직접 뵙지 못한 스승의 자취를 확인하고 싶었던 것이다.

퇴계의 학문은 처음에는 남인으로 이어졌고 청량산을 찾은 이도 그래서 남인이 많았다. 하지만 당파가 다른 학자들도 퇴계는 존경의 대상이 되어 청량산을 한 번씩 찾아간다. 노론의 사대신인 김창집의 아우 김창흡(1653~1722)은 1708년 청량산을 유람하

고 퇴계에 대한 존경심을 글로 남겼다. 소론인 윤증의 제자 강재
항(1689~1756)도 1712년 가을 청량산을 유람하고 '청량산기'를 남
겼다. 그는 연대사에서 맞은 9월 보름 밤 경치를 이렇게 묘사했다.
"둥근달이 차츰 높이 올라가 사방의 산봉우리들이 마치 영롱하고
아름다운 옥과 같아 사람의 눈을 현란하게 하였다. 나무의 그림자
가 땅에 거꾸로 비추고 가을바람이 옷에 스치면서 신선이 사는 봉
래산 사이에 있는 듯한 생각이 들었다."

노론을 대표하는 송시열의 5대손 송환기(1728~1807)도 1761년
청량산을 유람한 뒤 '청량산유람록'을 남겼다. 그는 여기서 청량산
열두 봉우리가 기이하고 웅장해 이름을 남겼지만 더욱 빛을 발하
게 된 것은 퇴계가 다니던 곳이기 때문에 더욱 우러러보게 된 것이
라 적었다. 다만 청량산이 봉우리는 뛰어나지만 물이 부족한 것이
흠이고 이를 퇴계가 지적한 사실을 밝히면서 결국 송시열이 학문
을 닦은 화양동에 미치지 못한다고 덧붙였다.

송시열의 9대 손으로 망국의 울분을 참지 못하고 자결한 송병
선(1836~1905)은 1877년 청량산을 둘러보고 '자태백지청량산기'
를 남겼다. 그는 여기서 "오산당으로 돌아와 함께 간 사우들과 서
로 읍하는 예를 행하고 각각 경전 중의 한 장씩을 외웠다. 퇴계 선
생께서 뚜렷이 자리에 계신 듯하여 나도 모르게 선생을 사모하는
마음이 일어났다"고 느낌을 적었다.

이처럼 조선의 후기 문인들은 청량산을 찾아 잇따라 유산기를
남겼다. 또 선현의 이야기가 전하는 공간의 암벽이나 바위에는 이

청량산 유산기를 남긴 상해임시정부 국무령 이상룡(좌). 선비·사대부들이 청량산 곳곳에 남긴 각자.

름을 새기거나 붓으로 적었다. 지금도 최치원이 머물렀다는 풍혈대와 총명수 주변, 김생굴 바위와 암벽에는 수많은 이름이 새겨져 있다. 다녀간 날짜와 간단한 소회도 남아 있다. 상해임시정부 초대 국무령을 지낸 유학자이자 독립운동가인 이상룡(1858~1932)은 "(총명수) 바위 위에는 선배들의 이름이 많았는데 어떤 이름은 새겨 놓았고 어떤 이름은 새기지 않았다. 우리 아버지도 이곳을 지나면서 이름을 써 놓으셨는데 먹빛이 선명한 게 새로 쓴 것 같았다"고 적었다. 자신도 풍혈대에 올라 먹을 갈아 글씨 잘 쓰는 사람에게 유람하는 사람들의 이름을 쓰게 한다. 청량산 여행이 선비나 사대부의 유행이 된 것이다. 그들에게 비친 청량산은 어떻게 표현되어 있을까. 청량산은 아래에서 보는 것처럼 가장 많은 것이 퇴계 선생을 대하는 듯한 이미지로 기록되어 있다.

· "창에 기대 산과 마주하고 앉으니 공자의 엄숙한 기상을 보는 것 같았다."(권호문 · 1532~1587)

· "눈 덮인 산은 어제와 같은데, 사람은 보이지 않으니 내 어찌 우러르지 않겠는가?"(권우 · 1552~1590)

· "이 산은 송재 선생, 농암 선생이 앞 시대에 태어나고 퇴계 선생이 후세에 태어났으며, 계속해서 훌륭한 인물이 배출되었으니 인걸지령(人傑地靈)이라는 말을 어찌 믿지 않을 수 있을까!(김득연 · 1555~1637)

· "사람으로 하여금 존경심이 일어나게 하는 산은 청량산이니, 퇴계 선생이 그 아래에 살면서 평소 왕래하며 유람한 곳이기 때문이다."(신지제 · 1562~1624)

· "산봉우리가 서 있는 모습은 단정하고 정중하고 곧고 발라 바른 사람과 단정한 선비와 비슷하다."(배응경 · 1544~1602)

· "산천의 맑고 아름다운 기운이 천만년 온축되어 있다가 이 고장에서 대유(大儒)가 태어나게 하여 도를 강론하고 학문을 연마하는 여가에 늘 이곳에서 노닐고 즐기고 읊조렸다."(류진 · 1582~1635)

· "이는 마치 무이(武夷)의 산수가 회옹(晦翁, 주자)을 만났기에

천고토록 빛이 나 후학이 사모하는 마음을 붙이고 우러러 흠모
하는 대상이 된 것과 어찌 다르겠는가?"(권경 · 1604~1666)

· "승려 중 무지한 자일 경우에도 모두 노선생이라 칭하고 성명과
호를 거론하지 않았다. 훗날의 풍속이 선생을 경모함이 한결 같
아 이와 같으니, 아! 성대하구나."(이익 · 1681~1763)

· "높은 봉우리와 층층의 산이 천 길이나 깎아지른 듯 서 있는 것
은 군자의 기상이 아니겠는가?"(권정침 · 1710~1767)

· "청량산은 곧 퇴계 선생의 노봉(蘆峯)이라 할 것이다. 그 시를 암
송하고 그 지경을 밟으면서 감흥이 일어나는 마음이 없다면 어
찌 오늘 산에 노니는 의미가 있겠는가?"(김몽화 · 1723~1792)

· "만 길이나 높이 솟은 절벽을 바라보면 선생(퇴계)의 범할 수 없
는 지조를 느낄 수 있다."(박종 · 1735~1793)

· "지금까지도 산천초목이 도덕의 은택을 완연히 띠고 있으니, 어
찌 이 산의 행운이 아니겠는가!"(김도혁 · 1794~1839)

· "이 산을 유람한 이름난 분과 현달한 선비의 잇따른 발자취는 손
가락을 꼽을 수 없을 정도로 많지만, 오직 퇴계 선생이 향기를
전파한 뒤에 작은 언덕 하나 골짜기 하나도 빠짐없이 품평의 제
하에 들게 되었으니 이는 마치 회옹(晦翁)이 무이산의 산수에
서 그랬던 것과 같다."(이제영 · 1799~1871)

· "무릇 땅은 사람으로 인해 명승지가 되고, 이름은 실재에 따라
밝게 드러난다."(이전 · 1832~1886)

· "퇴도(退陶)선생이 천 년 뒤에 태어나 고정(考亭)의 학통을 계

승하고 이 산에서 도학을 강설하였으니, 땅이 그 사람을 얻은 것이요, 사람이 그 땅을 얻은 것이다."(이유헌 · 1870~1900)

· "우리 산에 들어오는 모든 사람은 형승(形勝)의 아름다움과 등람(登覽)하는 유쾌함을 마음 둘 것이 아니라, 책을 읽고 선생의 도를 강론하며 진리를 쌓고 힘쓰기를 오래하여 조금씩 더위잡고 올라가기를 산에 오르는 형세와 같이 한다면 반드시 이르는 데가 있을 것이다."(류흠목 · 1843~1910)

· "세상의 이름난 산수에 갑을을 매긴 자가, 처음에 청량산을 소금강이라 하였는데, 나는 넓고 크게 자리잡은 데서는 금강산에 견주어 대소의 차이가 있으나 영롱하고 기특하며 빼어나게 아름다운 점에서는 아마도 강관(絳灌, 여씨 일족을 몰아낸 한 고조의 두 신하)처럼 쌍벽이 될 줄로 안다."(금용하 · 1860~1929)

· "금강산은 천하의 명승이니, 천하의 외진 곳에 자리 잡고 있으나 천하에 우뚝한 이름을 날리는 곳이다. 지금 이 청량산이 그와 더불어 이름을 함께 하는 것이 어찌 우연이겠는가?"(최헌식 · 1846~1915)

· "공자는 태산에 올라 물이 쉼 없이 흘러가는 것을 감탄하였고, 주자는 남악에 올라 무이구곡을 읊었다. 우리 퇴계 선생이 이 산을 차지한 것이 어찌 다만 산이 우뚝하게 높고 골짜기가 험난하게 깊은 것만을 취했겠는가?"(송주환 · 1870~1954)

· "우리 조선의 대현(大賢)인 퇴계 선생이 이곳에서 시를 읊조리고 강학의 장소로 삼았다. 이후로 온 나라의 이름난 유자 · 석사

들과 풍경을 찾아다니는 시인묵객들이 감상하며 읊기를 사철 내내 그치지 않았다. '땅 역시 사람을 기다려 이름을 얻는다' 한 것을 여기서 살필 수 있을 것이다."(박경배 · 1900~1924)

· "산을 말하는 자들이 동방의 산수를 치기를, 북으로는 묘향산을 칭송하고, 서로는 구월산을 칭송하며, 동으로는 금강산을 칭송하고, 남으로는 두류산을 칭송하는데, 작은 산 중의 선경으로는 반드시 청량산을 칭송한다. 단정하고 상쾌하며 유한(幽閒)하고 심원(深遠)함에 있어서는 네 산보다 반드시 못하지 않기 때문이다."(강신혁 · 1907~1998)

#셋

단원 김홍도, 청량산에서 퉁소를 불다

　　청량산은 조선의 두 천재 화가 정선·
김홍도와도 관련이 있다. 조선시대 산수화가이자 청하현감을 지낸
겸재(謙齋) 정선(鄭歚·1676~1759)은 청량산을 직접 화폭에 담았다.
조선시대까지 청량산 자체의 모습이 그림으로 전하는 것은 겸재의
이 작품이 유일하다. 산의 모습이야 조선시대나 지금이나 별반 달

정선이 그린 퇴계의 모습이 담긴 '계상정거도'.

라진 게 없겠지만 청량사 등 청량산의 당시 사찰과 암자의 모습을 짐작할 수 있는 귀중한 자료다.

겸재가 남긴 그림으로 우리에게 친숙한 것은 1000원권 지폐 뒷면 '계상정거도'일 것이다. 그림 속에는 『주자서절요』를 집필하는 퇴계 이황의 모습이 담겨 있다. 계상서당은 도산서원에서 산 하나를 넘으면 있는 토계천 언덕 위에 있다. 여기서 청량산까지는 30리 거리. 여기까지 들른 겸재가 퇴계가 그토록 좋아한 청량산을 지나쳤을 리 없을 것이다. 겸재라면 진경산수화(眞景山水畵)란 우리 고유의 화풍을 개척한 인물이 아닌가. 그는 중국의 산천이 아닌 조선의 산천을 있는 그대로 그렸다. 그만큼 우리 문화에 대한 자부심이 있었다.

겸재의 청량산 그림은 일부 자료에 '연대사'란 제목으로 소개되어 있다. 세로로 된 그림이다. 청량산 봉우리가 경쟁하듯 서 있고 가운데에 연대사가 보이는 모습이다. 1988년 서울의 한 화랑이 간송미술관이 소장하고 있는 이 작품을 겸재 정선전을 열면서 전시했다고 전해진다. 자료에 인쇄된 그림은 아쉽게도 크기가 작아 연대사의 모습은 보일 듯 말 듯하고 그림 윗부분의 화제(畵題)는 잘 보이지 않는다.

겸재가 남긴 '연대사'의 진본을 보고 싶었다. 서울 겸재정선미술관에 문의했더니 담당 학예사는 "그런 그림을 본 적이 없다"고 말했다. 다시 간송미술관으로 연락했다. 김민규 학예사는 "겸재가 그린 청량산 그림이 딱 한 점 있긴 하다"고 답변했

정선이 그렸다는 1700년대 연대사. 진위가 밝혀지지 않았다.

다. 그러나 그림의 제목은 '연대사'가 아닌 '청량산'이며, 작품은 『교남명승첩』에 수록돼 있다고 설명했다. 교남은 영남지역을 뜻한다. 『교남명승첩』에는 겸재 그림 30여 점이 한데 묶여 있다고 한다. 간송미술관이 소장한 '청량산' 작품도 세로로 된 그림이다.

그러나 한번 볼 수 있느냐는 물음에는 "어렵다"는 답이 돌아왔다. 아직 데이터베이스화 작업이 이뤄지지 않아 작품을 감상하는 것이 불가능한 것은 물론 화상 이미지도 만들어지지 않았다는 것이다. 그동안 외부 전시는 딱 한번 있었지만 1988년이 아닌 1970년대라고 밝혔다. 또 간송미술관이 보관하고 있는 작품 '청량산'은 화제가 달려 있지 않다고 덧붙였다. 말하자면 1988년 서울의 한 화랑이 전시했다는 겸재의 '연대사'는 진위가 확인되지 않는다는 것이다. 겸재의 '청량산' 그림은 그래서 더욱 궁금해진다. 공개를 기다린다.

조선시대를 대표하는 풍속화가 단원(檀園) 김홍도(金弘道 · 1745~1806?)도 청량산에 남다른 추억이 있다. 단원은 1784년 8월 청량산을 찾았다. 당시 단원은 안동지역 역마를 관장하던 안기찰방 벼슬을 하고 있었다. 단원의 청량산 행적은 노론으로 사마시에 합격한 서얼 문인 성대중(1732~1809)의 '청량산기'에 자세히 기록되어 있다. 그는 서얼 출신이었기 때문에 순조롭게 벼슬길에 오르지 못할 처지였으나 영조의 탕평책 덕분에 청직에 임명되어 서장관으로 통신사를 따라 일본을 다녀왔고 1784년 흥해군수가

되었다. 성대중은 홍대용·박지원·이덕무·유득공·박제가 등
북학파 인사들과 교유하고 이들의 사상 형성에 많은 영향을 미쳤
다. 성대중의 기록에는 단원이 그림은 물론 통소를 잘 부는 것으로
묘사되어 있다.

> "…갑진년(1784년, 정조8) 8월 15일, 안찰사 이병모가 순시 차
> 산에 들어갈 때 마침내 그를 따라 가게 되었다. 청량사에 도착하
> 니, 봉화군수 심공저, 영양군수 김명진, 하양현감 임희택, 안기찰
> 방 김홍도가 함께 왔다. 심공저와 나는 오래 전에 약속했고 김홍
> 도는 나라의 화가로서 이름이 있었다.
> 산은 고요하고 달빛은 명랑한데 계곡 돌 위에 둘러서 앉았다. 김
> 홍도가 통소를 잘 분다기에 한 곡을 권하니 그 성조가 소리는 맑
> 고 가락은 높아 위로 숲속 나무 끝까지 울렸고 여러 소리가 모두
> 숨을 죽이니 여운이 더욱 오래갔다. 멀리서 그 소리를 들으면 반
> 드시 신선이 학을 타고 생황을 불며 내려오는 것이라 하였을 것
> 이다…."

이후 밤이 되자 일행은 안찰사 이병모의 시에 화답시를 지으
며 시간을 보낸다. 성대중의 문집에는 '청량산에서 통소 부는 그
림'이라는 뜻의 '제청량취소도(題淸凉吹蕭圖)'라는 시가 전한다. 단
원이 그린 그림에 붙인 화제였을 가능성이 있다. 물론 이 그림은
전하지 않는다. 풍속화를 즐겨 그린 김홍도가 통소를 불며 유산하

는 청량산의 풍류를 화폭에 담지 않았을 리 없을 것이다. 청량산은 이처럼 당대의 시인묵객이 한번은 들렀던 풍류의 공간이기도 했다.

7장

의병의 산

청량정사, 의병의 근거지가 되다

청량산은 의병(義兵)의 산이었다. 1895년 단발령과 명성황후 시해사건은 청량산을 의병의 근거지로 만들었다. 전국적으로 의병이 일어나자 청량산에서도 유학의 성지로 여겨지던 청량정사를 중심으로 의병 투쟁이 전개되었다. 봉화의병을 비롯한 영양의병 · 선성의병 · 안동의병이 청량산을 항전의 거점으로 삼고 활동하였다. 이처럼 유학자를 중심으로 한 의병 활동이 청량산에서 전개된 데에는 청량산이 유학의 성지라는 상

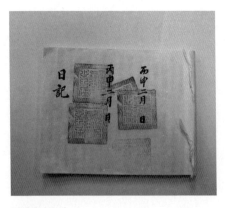

병신일기 표지.

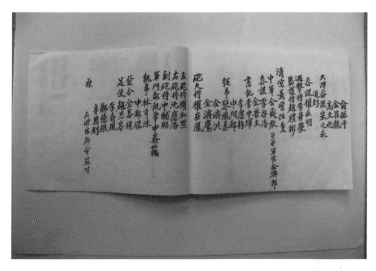

병신일기에 기록된 청량의영의 지휘부 명단.

징적인 의미와 예로부터 군사의 요새로 기능한 지형적 요인이 의병
활동을 펼치기에 유리했기 때문일 것이다.

청량산의 의병 조직은 당시 봉화의병 대장이었던 금석주(琴錫
柱)가 남긴 『병신일기(丙申日記)』에 기록돼 있는데, 선성의병의 한
조직이었던 '청량의영(淸涼義營)'이 별도로 조직되어 활동하고 있
었음을 알 수 있다. 청량의영은 중군이 책임자로 되어 있는 전투적
성격이 강한 의병 조직이었다고 한다. 기록으로 전하는 청량의영
의 조직은 이렇다.

청량의영임안(清凉義營任案)

중군(中軍)	김석교(金奭教)	
자제군관(子弟軍官)	김제방(金濟邦)	
참모(參謀)	이계락(李啓洛)	김보규(金普圭)
서기(書記)	이중엽(李中燁)	이응표(李應杓)
	신상욱(申相郁)	
종사(從事)	금봉기(琴鳳基)	김제홍(金濟洪)
	김제응(金濟鷹)	
포대장(砲大將)	권재봉(權在鳳)	
좌포장(左砲將)	권화묵(權和黙)	
우포장(右砲將)	심응락(沈應洛)	
부포장(副砲將)	신보희(申輔熙)	
군문도집사(軍門都執事)	신태범(申泰範)	
집사(執事)	임형수(任亨洙)	신욱서(申郁瑞)
발령(發令)	김태정(金泰禎)	
족사(足使)	조사용(趙思容)	이수봉(李壽鳳)
	정덕근(鄭德根)	신은쇠(辛恩釗)

　　청량산 의병의 또다른 기록도 최근에 발견됐다. 영양 사람 벽산 (碧山) 김도현(金道鉉 · 1852~1914)은 안동의병진의 주요 인물인 권 세연 · 김흥락 · 류지호 등과 거사를 논의한 뒤 류시연과 함께 청

량산에서 의진으로 편성되었다. 벽산은 당시 활동을 기록으로 생생히 남겼다. 『벽산선생창의전말』에는 그가 의병 봉기를 모의하던 1895년(고종32) 12월 1일부터 의병진이 해체된 1896년 9월 9일까지 10개월 동안의 일들이 적혀 있다.

기록은 이렇게 시작된다. "국가의 운수가 불행하여 왜병이 졸지에 몰려와 을미 8월 21일에 국모께서 해를 입으시고, 이해 11월 15일 주상께서 또 강제로 머리를 깎이시니 온 나라 신민이 울분을 견디기 어려웠다. 이달 그믐 저녁 때 종제 성옥 한현이 읍에서 돌아와 머리를 깎인다고 급보를 전하니 한심스러워 밤새 잠을 이루지 못했다."

그는 선배들을 만나 논의한 뒤 거사에 참여한다. 아우와 종제 등 19명을 데리고 청량산으로 발걸음을 옮긴다. 의진이 있던 청량정사에 도착한 날 바로 행군을 시작한다.

"밤에 어천을 지나 두곡에 다다라 밥을 먹으니 닭이 운다. 이윽고 일찍 길을 떠나 산성을 넘어 청량으로 들어가니 과연 험한 곳이었다. 울퉁불퉁한 기이한 바위는 어풍대로 이곳을 둘러 정사(精舍)를 지은 곳은 강학소이다. 총을 가진 군사들로 대략이나마 군대의 모양을 만들어 바로 행군을 시작했다. 6일 봉화읍에 들어가 군수 안모를 만나고 총과 탄환을 빌려 떠났다."

그는 이후 의병장으로 500리 길을 행군해 강릉까지 활동 영역을 넓힌다.

선성의병 본진도 일본군과 관군이 본격적으로 예안으로 밀려들자 청량산으로 들어간다. 1896년 5월 31일(음 4월 20일) 일본군은 청량정사가 의병의 거점이 된 걸 알고 건물을 불태운다. 일본군은 심지어 그 전날 퇴계종택에 불을 질러 1400권의 문서와 책을 잿더미로 만들었다. 지금 청량산에 서 있는 청량정사는 일본군의 방화로 한동안 쑥대밭이 된 뒤 이를 안타까이 여긴 유림들이 힘을 모아 1901년 중건한 것이다. 의병장 척암(拓菴) 김도화(金道和 · 1825~1912)는 청량정사 중건기에 그 내력과 감회를 적었다. 청량정사는 국난의 시기에는 의병이 활동한 공간이 됐고 일본군이 방화한 뒤에는 다시 지어진 뒤 의병장이 사정을 기록한 것이다.

"불행히도 유조의 변란은 곧 임진왜란의 재앙과 같았으니 옥석이 모두 불타고 집이 자취가 없어져 가시나무와 쑥대가 유학을 공부하던 이곳까지 뒤덮으니, 하늘이 어찌 우리 유학을 다 없애고자 함이었겠는가? 아아, 유학이 어찌 잊히겠는가? 아, 오늘날 선비들은 모두 선생(퇴계)의 영향을 받은 사람들이거늘 차마 운수가 마침 그렇다고 해서 하루라도 다시 짓고자 하는 뜻을 잊을 수 있겠는가?" 유조(柔兆, 병신년)의 변란이란 일본군이 방화한 사건을 가리킨다.

퇴계학맥에서 한말 의병장과 독립지사가 잇따라 배출된 것도 청량산의 이런 역사와 무관하지 않을 것이다.

이육사에게 노래의 씨를 뿌린 청량산

　　왕모산은 청량산 축융봉에서 낙동강을
따라 남쪽으로 내려가면서 펼쳐지는 산이다. 크게 보면 청량산의
남쪽 줄기에 해당한다. 5월 10일. 낙동강을 가로지르는 원천교를
지나 내살미 마을에서 왕모산에 올랐다. 오후 3시 계절은 봄이건
만 기온은 30도에 가깝다. 여름 날씨나 다를 바 없다. 왕모정(王母
亭)이 있는 주차장에서 오르는 길은 시작부터 가파르다. 떨어진 솔
잎이 마른 채 나뒹굴어 산길은 미끄러웠다. 바위가 보이는 능선을
오르면 길은 수월해진다. 청량산의 유명세에 가려 찾는 이가 거의
없는 산이다. 작은 소나무 사이로 난 길이 호젓하기만 하다. 능선
을 따라 산성이 나타난다. 흔적이 뚜렷하지는 않지만 홍건적의 난
을 피해 청량산으로 들어온 공민왕의 어머니가 머물렀다는 왕모산
성이다. 왕모산은 낙동강변을 따라 병풍처럼 바위를 두른 채 서 있
다. 능선을 300m쯤 따라가면 내리막길이 나오는 곳에 왕모당이 서

있다. 산속에 고즈넉한 건물이다. 왕모당을 빙 둘러 금줄이 쳐져 있다. 조심스레 왕모당의 문을 열었다. '王母山城城隍神位(왕모산성성황신위)' 앞에 나무로 만든 투박한 남녀상이 세워져 있다. 영험하다는 전설이 내려온다.

왕모산의 제1경은 뭐니뭐니해도 갈선대(葛仙坮)다. 왕모당을 지나 북쪽으로 더 가야 하는 위치다. 왕모당에서 길은 내리막이다. 왕모산이 내뿜는 피톤치드를 흠씬 마시며 300m를 가니 왼쪽 우거진 숲 뒤로 거대한 벼랑이 어렴풋이 보인다. 갈선대라고도 하고 칼선대라고도 부르는 절벽이다. 칼선대라면 칼처럼 날카롭다는 뜻일

갈선대에서 내려다본 원천교를 지나는 낙동강(좌). 갈선대 꼭대기에 세워진 이육사의 '절정' 간이 시비.

게다. 조심스레 갈선대에 올랐다. 갈선대는 낙동강 옆으로 세워진 깎아지른 벼랑이다. 유난히 상수리나무가 많다. 주변 병풍 바위들이 발 아래로 아스라이 보인다. 갈선대 끝애는 '위험! 추락주의'라는 경고문과 함께 두 줄 밧줄로 빙 둘러 안전펜스를 설치했다. 아래를 내려다보기만 해도 아찔하다. 갈선대 한쪽에 민족시인 이육사(1904~1944)의 '절정' 시비가 패널로 세워져 있다.

매운 계절의 채찍에 갈겨
마침내 북방으로 휩쓸려 오다
하늘도 그만 지쳐 끝난 고원
서릿발 칼날진 그 위에 서다
어디다 무릎을 꿇어야 하나
한 발 재겨 디딜 곳조차 없다
이러매 눈 감아 생각해 볼밖에
겨울은 강철로 된 무지갠가 보다

갈선대는 시 '절정'이 탄생한 시상지로 알려져 있다. 육사의 표현 그대로 마음 놓고 한 발 뗄 곳이 없는 벼랑이다. 육사가 이 시를 발표한 1940년은 일제가 겨레에게 우리말을 못 쓰게 하고 일본어를 상용하라는 명령을 내린 때였다. 모든 간행물에서 우리말과 글을 못 쓰게 하는 폭거를 자행한 시기다. 김종길 시인은 "시 '절정'은 하나의 한계상황을 상징하지만 거기서도 그는 한 발자국의 후퇴나 양보가 없을

안동시 도산면 원천 고향마을에 세워진 '이육사문학관' 전경.

뿐만 아니라, 오히려 '매운 계절'인 겨울, 즉 그 상황 자체에서 황홀을 찾는다. 그러나 황홀은 단순한 도취가 아니다. 그것은 강철과 같은 차가운 비정과 날카로운 결의를 내포한 황홀"이라고 평했다.

발 아래 낙동강은 푸른 물감을 풀어 놓은 듯 파랗게 흘러내린다. 강 옆에 자리잡은 널찍한 들은 퍽 풍요로워 보인다. 단사라는 마을이다. 단사 마을 뒤로 어렴풋이 보이는 건너편이 육사의 고향 마을인 원천이다. 생가 옆에는 이육사문학관이 들어서 있다. 아마도 육사는 어렸을 적에 앞산에 해당할 왕모산에 올라 낙동강을 굽어보며 호연지기를 길렀을 것이다. 세상을 알 때쯤엔 갈선대를 수없이 오르며

문학관 정원 '절정' 시비 앞에는 이육사 동상이 있다.

조국의 독립을 고민했을지 모른다. 마음대로 운신할 수 없는 식민지 지식인의 처지가 갈선대 위에 선 위태로움과 다를 바 없었을 것이다. '절정'이란 시가 더 생생히 가슴에 와 닿는다. 왕모산을 내려와 이육사문학관 앞에 섰다. 여기서도 갈선대가 우뚝 서 있는 모습이 정면으로 보인다. 원천리 생가 터에는 '청포도' 시비가 세워져 있다.

이육사는 일제강점기에 말과 행동이 일치한 몇 안 되는 지식인이자 독립지사로 손꼽힌다. 본명이 원록인 그는 어린 시절 이활 등으로 불렸다. 1927년 중국에서 귀국한 이활은 때마침 일어난 조선은행 대구지점 폭파사건의 피의자로 형 원기, 아우 원일·원조 등과 함께 검거되어 수감된다. 이 사건은 그들 형제와 무관했으나 일본 경찰은 평소 주목해 오던 한국인 100여 명을 잡아들였고 이활 형제 역시 예외가 아니었다. 그때 이활의 죄수 번호는 264번이었다. 그는 이육사를 이름으로 삼았다. 1925년 항일투쟁단체인 의열단에 가입해 독립운동 대열에 참여한 이래 40의 나이로 중국의 베이징 감옥에서 숨질 때까지 그는 중국 등지를 떠돌아다녔다. 그는 죽는 날까지 식민지의 절망적인 상황 아래서 민족혼이 살아 있음을 온몸으로 증거하며 유려한 시를 남긴 저항시인이었다. 퇴계의 14대손인 육사는 국내외를 전전하며 항일 독립운동과 시를 쓰는 데만 열정을 바친, 신식 교육을 받은 선비였다. 1942년 4월 육사는 어머니가 돌아가시고 이어 7월에는 형까지 세상을 떠나자 공황상태가 되어 베이징에서 귀국한다. 그는 이 과정에서 일본 고등계 형사대에 체포되어 베이징으로 다시 압송된다. 베이징 감옥에 갇힌 육사는 그 이듬해인 1944년 1월 차디찬 감방의 시멘트 바닥에서 광복을 보지 못한 채 숨을 거둔다. 시 '광야'는 시인의 절명사(絶命詞)가 되었다. 김용직 전 서울대 교수는 "시 '광야'는 인간의 능력으로 쓸 수 있는 시가 아닌 미래를 지향하는 신이 내는 목소리에 가깝다"고 표현했다.

까마득한 날에

하늘이 처음 열리고

어데 닭 우는 소리 들렸으랴

모든 산맥들이

바다를 연모해 휘달릴 때도

차마 이곳을 범하던 못 하였으리라

끊임없는 광음을

부지런한 계절이 피어선 지고

큰 강물이 비로소 길을 열었다

지금 눈 나리고

매화향기 홀로 아득하니

내 여기 가난한 노래의 씨를 뿌려라

다시 천고의 뒤에

백마 타고 오는 초인이 있어

이 광야에서 목놓아 부르게 하리라

낙동강은 육사의 고향 원천리 앞에서 마을을 따라 한 바퀴 휘감
아 돈다. 여기서 낙동강은 마을 건너편에 널찍한 들을 만들어 놓았

이육사가 시 '광야'를 떠올렸던 시상지 윷판대. 널찍한 낙동강 들판이 내려다보인다.

다. 왕모산 건너 하계마을 뒷산을 오르면 이 풍광을 한눈에 볼 수 있다. 이육사문학관에서 퇴계 묘소가 있는 하계마을로 넘어가는 길 왼쪽으로 '윷판대 가는길(광야시상지) 1*km*'라는 이정표가 서 있다.

5월 18일. 작은 소나무가 울창한 오솔길을 따라 윷판대를 찾아간다. 인적이 끊긴 듯 길에는 솔잎이 수북이 쌓여 있다. 20분쯤 들어가니 벼랑 쪽으로 넓적한 바위가 나타난다. 50m쯤 더 가니 다시 열 사람이 앉고도 남을 널찍한 바위가 모습을 드러낸다. '쌍봉 윷판대'라는 표지판이 나뭇가지에 매달려 있다. 윷놀이를 하기에 넉넉한 공간이다. 윷판대 바위에 서니 절벽 아래로 낙동강이 흐르고 너른 들판이 눈앞에 펼쳐진다. 내살미 들판이다. 멀리로 갈선대도 보인다. 광야 그대로다. 가슴이 탁 트인다. 이런 산중에 저렇게 너른 들판이 있다니…. 청량산의 외연은 참으로 넓고 깊다. 물론 시인 육사가 노래한 광야는 단지 너른 들판만을 뜻하지 않는다. 한자 표기가 광야(廣野) 아닌 '밝다' '환하다'는 뜻을 담은 광야(曠野)이기 때문이다. 그래서 원천리 출신 이동수(64) 전 성균관청년유도회중앙회장은 시 '광야'에는 조국 광복을 믿는 시인의 형이상학적인 뜻이 담겨 있다고 해설한다. 시 광야는 기개와 담대함의 상징이다. 하는 일이 이뤄지지 않고 가슴이 답답하다면 한번쯤 시인 육사가 걸었을 갈선대와 웇판대 길을 권하고 싶다. 청량산과 왕모산의 한적한 소나무 오솔길을 걷다 보면 누구든 찬찬히 자신 속으로 빠져들 수 있게 된다. 또 고요함 속에서 절로 육사 시인이 노래한 벼랑 길 속 무지개와 백마 타고 오는 초인을 만나는 기개를 호흡할 수 있을 것이다.

이육사문학관을 찾아가면 세살 때 아버지를 여읜 외동딸 이옥비(李沃非) 여사를 만날 수도 있다. 옥비란 이름은 아버지 육사가 붙였다고 한다. '옥비(沃非)'는 나라를 잃고 모두가 궁핍한 시대에 일신의 평안을 바라며 혼자만의 기름진 삶을 살지 말라는 뜻이 담겨 있다고 한다. 이 여사는 "너무 어렸을 때 아버지를 여의어 평생 그리웠다"며 "아버지를 흠모하는 사람들이 지금 문학관을 끊임없이 찾아와 아버지를 보는 듯 저를 대해 아버지의 사랑을 뒤늦게 흠뻑 느낀다"고 말했다.

예술로 이어지는 청량산 순례

청량산 밤하늘엔 별들이 지천이네

어릴 적 여름 밤 그 찬란하던 나의 보석들이

오늘 여기 청량 하늘 속에 숨어서

고요하게 빛나고 있구나

청량산 하늘 아랜 세상이 그대로네

손 모아 빌던 그 간절한 우리의 바람들이

오늘 여기 청량 하늘 아래 여전히

고요하게 울려 퍼지고 있구나

반갑다 나의 별이여

무심히 잊혀져간 나의 보석이여

어느새 무뎌진 내 가슴에 들어와

소리 없이 빛나고 있구나.

2014년 5월에 발표된 '청량산 밤하늘'이란 노래다. 청량산은 퇴계 이황 선생 등 조선시대 선비들에 이어 지금도 음악인부터 미술인까지 즐겨 찾는 소재가 되고 있다. 이 노래는 1983년 MBC대학가요제에서 대상을 받은 심재경이 김혜연과 듀엣으로 부른다.

 청량산 밤하늘을 쳐다보면 별이 유난히 많다. 도시에서는 총총히 빛나는 별밤이 사라졌지만 청량산에 가면 아직도 별이 무수히 쏟아진다. 별을 보며 우정과 사랑을 나누고 꿈을 꾸는 밤이

'청량산 밤하늘'이 실려 있는 심재경의 음반 '낙동연가'.

해마다 10월이면 청량사에서 산사음악회가 열린다. 청량산에 가장 많은 사람이 모이는 날이다.

청량산에는 아직도 남아 있다. 심재경은 "적어도 청량산에 가면 별과 밤하늘이 옛날 그대로 남아 있다"며 청량산의 밤하늘을 만나 보라고 권한다. 안동 출신인 심재경은 대학가요제 대상을 받을 때는 그룹 '에밀레'의 멤버로 활동했다. 그가 청량산을 떠올리며 30년 만에 다시 부른 노래는 음반 '낙동연가' 1집에 실려 있다.

청량산 청량사에서는 산사음악회가 열린다. 해마다 10월 첫째 토요일로 정해져 있다. 올해로 13년째. 청량사가 심혈을 기울이는 행사다. 청량사 주지 지현 스님이 산중불교를 대중불교로, 받는 불교를 주는 불교로 바꾸겠다며 열고 있는 음악회다. 처음 시작할 때만 해도 이 깊은 산속에서 음악회를 열면 누가 찾아오겠느냐며 하나같이 개최를 만류했다. 하지만 지현 스님은 "문화시설이라고는 없는 산골에 산사라도 문화 공간 역할을 해야 하지 않느냐"며 밀어붙였다. 스님의 판단은 적중했다. 첫해 예상을 깨고 3000명이 이 산사음악회를 찾았다. 음악회가 차츰 자리를 잡으면서 시화전과 유화전·탁본전 등 전시회도 함께 열리고 있다. 이제는 산사음악회에 1만명쯤 모여든다. 산사음악회는 오후 7시에 열리지만 오후 1시면 일찌감치 청량사 주변에 빈 자리가 없을 정도다. 스님과 불자에다 인근 주민은 물론 기독교·천주교 신자까지 모여든다. 그동안 노래는 장사익·BMK·정수라 등이 불렀다. 산사음악회는 4무(無) 행사로도 유명하다. 음악회가 시작되면 아무리 지체 높은 사람이 와도 따로 내빈 소개를 하지 않으며, 인사말 기회도 주지 않는다. 또 누구에게도 자리를 잡아 주지 않는 게 전통으로 자리 잡았다. 거기다 공연은 무료다.

산사음악회는 이제 청량산에서 사람이 연중 가장 많이 찾는 행사로 자리를 굳혔다. 청량산 입구인 청량산집단시설지구의 여관은 산사음악회 한 달 전 일찌감치 예약이 끝나 버린다. 공연 당일에는 주변 음식점과 주차장이 만원을 이룬다. 청량산의 대

이원좌 화백이 그린 가로 46m 길이의 '청량대운도'를 촬영해 축소해서 만든 액자.

목이다.

　노래가 있으면 그림도 있게 마련이다.

　조선시대 겸재 정선에 이어 지금도 청량산을 그려 주목 받는 화가들이 있다. 근래 청량산 그림으로 가장 유명해진 것은 아마도 이원좌(75) 화백의 '청량대운도(清凉大雲圖)'일 것이다. 46m에 이르는 대형 그림 한 점 때문에 청

청송 야송미술관에 들어선 '청량대운도 전시관'.

송군은 25억원을 들여 전용전시관을 지었을 정도다.

청량산의 운무는 장관(壯觀)으로 불린다. 아직까지 직접 만나지 못해 위용을 확인하지는 못했다. 임시정부 초대 국무령을 지낸 이상룡(1858~1932)의 유산기에 관련 기록이 나온다. "아침에 옆 사람이 안개 낀 경치를 보라고 깨웠다. 급히 옷을 입고 나가 보니, 어제 지나온 깊은 골짜기가 바다처럼 안개가 깔려 하늘에 이어져 있는데, 열두 개의 높은 봉우리의 머리 부분만 빼족이 드러났다. 넋을 놓고 바라보노라니 여기가 어떤 세상인지 모르겠다…."

3월 21일. 청송군 진보면 신촌리 '청량대운도 전시관'을 찾았다. 금요일 오후여서 전시관에 머문 1시간 동안 찾아온 관람객은 많지 않았다. 전시관이 청송에서도 워낙 후미진 곳에 자리잡고 있기 때문일 것이다. 전시관이 들어선 신촌리는 약수로 끓이는 닭백

숙과 꽃돌로 이름난 곳이다.

이 화백의 '청량대운도'는 크기 하나로 관람객을 압도한다. 너무 커서 한눈에 다 볼 수가 없다. 전용전시관으로 들어가면 먼저 왼쪽에서 오른쪽으로 그림의 아래 절반을 보는 게 편하다. 전시관 벽면은 기차의 객차 2량을 잇댄 것보다 길고 높이는 아파트 2층보다 더 높아서다. 그리고 전시 벽면 맞은편 난간식 2층 관람대로 올라가 이번에는 오른쪽에서 왼쪽으로 그림의 절반 윗부분을 봐야 효과적으로 볼 수 있다. 작품 이름 그대로 구름에 쌓인 청량산 봉우리의 장엄한 모습이다. 이 화백을 만나 그림 이야기를 들었다.

'청량대운도'는 스케치에만 1년이 소요되는 등 완성에 1년 6개월 여가 걸렸다고 한다. 주로 청량산 축융봉에 올라 건너편으로 보이는 육육봉 중 열한 개 봉우리에 걸린 구름 모습을 그렸다. 계절은 늦가을부터 겨울이다. 여름 산은 무성해서 제 모습을 드러내지 않기 때문이다. 그는 본래 산을 좋아했다고 한다. 특히 청량산을 좋아해 자주 올랐다. 이 화백은 "청량산이 그림 같다"고 표현했다. 10년 전쯤 금강산을 가 봤지만 청량산만큼 아름답지 않더라고 했다. 청량산은 산세도 빼어나지만 신라시대 김생과 원효대사·의상대사 등 고승대덕이 머문 유서 깊은 산이 아니냐는 것이다. 또 조선시대 들어서는 퇴계 이황 선생과 후학들이 찾아가 예찬하고 수많은 시를 남긴 선현의 향기가 짙게 남은 산이라는 것이다. 청량산을 우러르는 그런 애정이 대작에 도전한 배경이라고 설명했다. 작품

규모 때문에 작업실을 구하는 것도 숙제였다. 마침 알고 지내던 경찰 간부가 이야기를 듣고 비어 있던 청량산 부근 쌀 창고를 소개해 작업실을 차릴 수 있었다고 한다. 그는 사다리를 오르내리며 그림을 그렸다. 그림에는 축융봉에서 보이지 않는 뒤편 골짜기의 아름다움도 한 화폭에 같이 담았다. 이 화백은 "'청량대운도'는 세계에서 가장 큰 그림"이라며 "청송군은 거기서 한 발 더 나아가 그 그림 한 점만을 위한 전용 전시관을 만들었는데 그것도 세계에서 처음 있는 일"이라고 자랑스러워했다.

청송군은 2013년 진보면 신촌리에 있는 군립 야송미술관 옆에 건평 1062㎡(321평)짜리 근사한 2층 전시관을 새로 지었다. 폐교된 신촌초등학교를 개조해 2005년 문을 연 야송미술관 본 건물보다 더 큰 전시관이다. 여기에 전시된 작품은 딱 한 점이다. 관장인 이 화백이 그린 가로 46m 세로 6.7m의 초대형 작품인 '청량대운도'다. 화선지 전지만 400장을 이어 붙인 크기다.

작품은 1992년 완성된 뒤 서울정도600주년을 기념해 1998년 서울 예술의전당에서 처음으로 전시됐다. 그림이 너무 크다 보니 마지막 50㎝는 당시 접힌 채 전시되었다고 한다. 그리고는 더 이상 전시 공간을 찾지 못했다. '청량대운도'는 이후 청량산이 있는 봉화 대신 이 화백의 고향인 청송으로 옮겨졌다. 청송군이 폐교를 미술관으로 만들면서 이 화백을 모셔 간 것이다. 청송군은 이때부터 세계 최대라는 '청량대운도'의 활용 방안을 찾고 있었다. 이 과정에서 일부 인사는 청송군이 청송의 주왕산 대신 봉화의 청량산을

김대원 경기대 교수가 2014년 봄에 그린 '청량산'. 운무 속에 청량사의 모습이 보인다.

앞장서 알리는 것은 합당치 않다고 반대하기도 했다. '청량대운도'
는 지금도 전용 전시관을 만든 게 적절했는지 등을 놓고 논란이 이
어지고 있다.

청량산을 그린 그림 하나에 이렇게 많은 이야기가 있는 것도
드물 것이다. 청량산에 심취한 화가는 더 있다.

경기대 교수인 한국 화단의 중진 김대원(59)은 2014년 봄 청량
산 연작 31점을 서울 한벽원 갤러리에서 선보였다. 가로 4m 가까
운 대작을 포함한 정통 실경산수화 작품들이다. 한지에 수묵이나
수묵담채로 그려 청량산에 서린 선비의 이미지를 표현하고 있다.

서울에 이어 여름에는 고향 안동으로 옮겨 청량산 시리즈를 전시
했다. 50년 동안 현장을 찾아가 스케치하며 실경산수화에 매진한
작가의 열정이 느껴진다. 작가는 "지난해 봄 거의 청량산에 살다시
피 하며 그림을 그렸다"며 "산은 무성한 여름보다 제 모습을 드러
내는 봄이 좋다"고 말했다. 그림을 보고 있으면 청량산에 가보고
싶다는 마음이 절로 든다. 터치는 섬세하고 느낌은 푸근하다. 2014
년에 그린 '청량산'(170×400㎝)에는 문인화의 전통을 잇듯이 손수
지은 화제(畫題)가 붙어 있다.

우측에는 김생폭포가 적막을 깨뜨리며 흐르고	右金生瀑破寂流
내려다보니 청량정사가 머물러 있네	俯瞰淸涼精舍留
산기슭에는 상하 청량사가 있으니	麓有上下淸涼寺
바위 봉우리와 운해가 더욱 승경이구나	石峰雲海勝景幽
예로부터 불교의 성전을 이루었고	自古彰顯成佛殿
우리 유학의 성지로 이름 높았다	東方儒學聖地休

작가는 대학에서 미술을 가르치면서 2012년 뒤늦게 한문학으
로 박사학위를 받았다. 중국 화론을 다수 번역하기도 했다. 청량
산 연작은 조선시대 문인화의 전통이 오늘날까지 면면히 이어지
고 있음을 보여 준다. 특히 작품 '청량산'에는 청량사가 세밀히 묘
사되어 건물의 구조며 배치까지 짐작할 수 있다. 범종각을 지나 요
사채·선불장·유리보전 그리고 오층석탑까지 하나씩 확인할 수

있다. 요즘 들어 청량산은 이처럼 문사보다 예술인이 더 많이 찾는
공간으로 자리매김하고 있다.

부록

청량산 이곳저곳

청량산

청량산은 봉화군 명호면 북곡리에 있으며, 1982년 경상북도가 지정한 도립공원이다. 형태는 도립이지만 실제로는 봉화군이 경상북도의 위탁을 받아 관리하고 있다. 이따금 국립공원 승격을 추진하자는 의견도 제기되었다. 도립공원이다 보니 상대적으로 덜 알려져 전국에서 몰려드는 사람이 적은 편이다. 청량산의 인문적 가치를 찾고 싶은 사람이라면 아직은 덜 번잡해서 좋은 산이다. 더욱이 청량산은 입장료도 받지 않는다.

산의 둘레는 겨우 40km 정도에 불과하지만 낙동강과 기암절벽이 조화를 이뤄 굽이마다 절경을 연출한다. 그래서 일찍부터 소금강(小金剛)으로 불렸다. 영양 일월산에서 뻗어와 서쪽으로 내달리다가, 동쪽으로 가로질러 영양과 봉화의 경계를 나눈다. 겉으로 보기에는 쉽게 오를 수 있어 보이나 정작 올라 보면 만만치 않은 험준한 산임을 알 수 있다. 그래서 청량산의 이런 모습을 외유내강한 선비의 모

청량산은 인근 초등학교 어린이들이 수학여행을 가던 추억의 장소였다. 사진은 1970년대 청량사로 1박2일 수학여행을 떠난 안동 도산초등학교 어린이들.

습에 견주기도 한다. 옛 봉화읍지인 『옥마지』에는 "산 안에는 옛 성터·전각·제사터·어정(御井)이 있다. 어정 위에는 항상 구름과 안개가 끼어 있는데, 사람들이 혹 샘을 파면 천둥이 크게 친다'는 내용이 적혀 있다. 어정은 왕에게 올릴 물을 긷는 우물을 말한다. 이 책에는 또 '김생이 글씨를 익히던 굴이 있고, 최치원의 독서대와 이황의 청량산 등산로. 산의 전체 둘레는 40km쯤 된다.

청량산은 동쪽으로는 영양, 남쪽으로는 안동과 경계를 이룬다.

오산당도 있다. 조선시대 중종 갑진년에 주세붕이 유람을 왔다가 12개 봉우리의 이름을 지었다"고 덧붙이고 있다. 청량산에서 현재도 갈 수 있는 곳을 중심으로 이곳저곳을 정리한다. 소개 순서는 이세택이 쓴『청량지』의 순서와 체제를 따랐다.

하나. 열두 봉우리

청량산의 봉우리 이름은 처음에는 불교식으로 붙여졌다. 1544년 유학자이자 풍기군수였던 주세붕이 청량산을 찾으면서 열두 봉우리의 이름은 유교식으로 고쳐졌다. 그 이름이 굳어져 지금까지 내려온다.

청량산 남쪽 봉우리 축융봉에서 바라본 장인봉·선학봉·자란봉(왼쪽부터).

그러나 주세붕이 명명한 봉우리 이름과 위치는 다소간 혼선이 있었다. 주세붕은 당시 일부 봉우리만 답사한 뒤 전체 이름을 새로 붙였기 때문이다. 퇴계 이황은 이후 주세붕이 명명한 열두 봉우리를 주자의 중국 무이산 육육봉과 연결지어 '청량산 육육봉'으로 불렀다. 현재 통용되는 봉우리 이름을 공원 입구부터 들어가면서 차례로 소개한다.

□ 장인봉(丈人峯)

해발 869m로 청량산에서 가장 높은 봉우리이다. 원래 이름은 대봉(大峯)이었는데 주세붕이 중국 태산 장악(丈岳)에 비유하여 붙인 이름이다. 열두 봉우리 중 가장 서쪽에 위치하고 있으며 축융봉에서 보면 그 위용이 잘 드러난다. 봉우리 아래로 낙동강이 흘러가며 기암절벽이 병풍처럼 늘어서 있다. 정상으로 오르는 철 계단이 가파르다. 정상에는 '登淸凉頂(등청량정)'이라는 주세붕의 시비가 세워져 있다. 정상에 오르면 이따금 백로 또는 왜가리 소리가 들리는 것으로 보아 주변에 서식지가 있는 듯하다.

□ 선학봉(仙鶴峯)

장인봉 동쪽에 위치한다. 옛날 학이 사는 집이 있어 선학으로 명명되었다고 한다. 여기서 서쪽으로 하늘다리가 시작된다.

□ 자란봉(紫鸞峯)

선학봉 동쪽에 있다. 봉우리 모양이 마치 난새가 춤을 추는 것 같아서

연적봉은 바위 틈에 뿌리를 내린 소나무가 일품이다.

붙여진 이름이라고 한다. 난새는 중국 전설에 나오는 상상의 새다. 모양은 닭과 비슷하나 깃은 붉은빛에 다섯 가지 색채가 섞여 있으며, 소리는 오음(五音)과 같다고 한다. 하늘다리가 걸쳐진 서쪽 봉우리이다.

□ 연적봉(硯滴峯)

봉화군이 최근 '연적봉 해발 846.2m'라는 표지석을 세웠다. 올라가는 길이 있다. 탁필봉 서쪽 5m 정도 떨어진 곳에 솟아 있다.

□ 탁필봉(卓筆峯)

자소봉에서 서쪽으로 50보의 거리에 있다. 형상이 붓끝을 모아 놓은 것같아 붙여진 이름이다. 처음에는 필봉(筆峯)이라 했는데 주세붕이 '탁(卓)'자를 더해 중국 여산의 탁필봉에 견주었다. 올라가는 길은 없다.

□ 자소봉(紫宵峯)

주세붕이 보살봉에 새로 붙인 이름이다. 올라가는 철 계단이 길고 가파르다. 표지석에 해발 840m로 새겨져 있다. 봉우리가 9층으로 층암을 이루고 있는데 여기에 백운(白雲)·만월(滿月)·원효(元曉)·몽상(夢想) 등 11개 암자가 층마다 나열되어 있었다고 전해진다. 봉우리의 동쪽이 평평한 반석으로 되어 있어 10여 명이 앉아서 쉴 수 있다. 망원경이 설치돼 있어 청량산 북쪽을 한눈에 살펴볼 수 있다. 여기서 능선에서 벗어나 있는 동쪽 끝 탁립봉을 볼 수 있다.

□ 경일봉(擎日峯)

주세붕이 '인빈욱일(寅賓旭日, 아침에 뜨는 해를 경건하게 손님맞이 하듯이 한다)'에서 뜻을 취해 붙인 이름이다. 해마다 춘분과 추분에 청량사에서 보면 해가 이 봉우리의 한가운데서 뜬다고 한다. 표지석에 해발 750m로 새겨져 있다. 정상은 표지석을 가운데 두고 빙 둘러 동산처럼 꾸며져 있다. 찾기가 쉽지 않다.

청량산에서 두 번째로 높은 봉우리인 축융봉. 여기서 건너편으로 두들마을이 보인다.

□ 탁립봉(卓立峯)

경일봉 뒤쪽에 있으며 자소봉에서 볼 때 동쪽 끝에 높이 솟아 있다. 주세붕이 처음으로 이름을 붙였다. 표지판이 없어 진입로를 찾기가 쉽지 않고 잘 들르지 않는 봉우리이다.

□ 연화봉(蓮花峯)

청량사 서쪽에 있다. 모양이 연꽃을 닮아 붙여진 이름이다. 주세붕이 의상봉을 연화봉으로 고쳤다. 청량사 주지 지현 스님은 절에서 바라보면 "거대한 바위의 형상이 부처님을 닮았다"며 "국내 최대의 마애석불이 청량산에 있다"고 농담처럼 소개한다.

□ 향로봉(香爐峯)

연화봉 바로 앞에 있다. 주세붕이 향로를 닮은 봉우리의 모습을 보고 이름을 붙였다.

□ 금탑봉(金塔峯)

응진전 뒷산이다. 봉우리 아래에 최치원의 흔적이 있는 풍혈대·총명수 등이 있다. 옛날에는 치원봉으로 불렸다. 층암 절벽이 3층으로 이루어져 청량사에서 바라보면 3층탑을 닮았다. 중층에 치원암·극일암·안중사·상청량암·하청량암 5사가 있었다고 전해진다.

□ 축융봉(祝融峯)

청량산 열한 개 봉우리가 있는 줄기와 달리 도로를 건너 공민왕당이 있는 남쪽 봉우리이다. 표지석에는 해발 845.2m로 새겨져 있는데 청량산에서 두 번째로 높다. 주세붕이 중국 오악의 하나인 남악 형산(南嶽衡山)의 이름을 모방해 붙였다. 축융은 남방의 불을 맡은 화신이란 뜻이라고 한다. 정상에 '저 멀리 보이는 봉우리는 어떤 봉우리일까요?'라며 건너편 청량산의 열한 개 봉우리를 확인할 수 있는 표지판을 설치해 두었다. 청량산 두들마을도 여기서 훤히 내려다보인다. 청량산의 남쪽 줄기 왕모산도 보인다.

둘. 명소

□ 어풍대(御風臺)

금탑봉 중층에 있다.

□ 김생굴(金生窟)

굴 위에 떨어지는 폭포가 발을 드리운 듯하다.

□ 총명수(聰明水)

암벽 사이에 맑은 샘이 솟아서 돌 위에 가득 고여 있다. 물빛이 맑고 차다. 최치원이 이 물을 마시고 더욱 총명해졌다고 전해진다.

□ 동석(動石)

큰 돌이 시렁처럼 얹혀 있는데, 바위 모서리가 날카로워 만약 아래로 떨어뜨리려 하면 한 사람만 움직여도 흔들리고, 천 사람이 힘을 써도 더 흔들리지는 않는다는 말이 있다. 바람이 불어도 흔들리기 때문에 동석 또는 동풍석이라 불린다.

응진전 요사채인 무위당에서 바라본 동석 또는 동풍석. 동석 아래에 응진전이 자리잡고 있다.

□ 풍혈(風穴)

큰 바위가 포개져 있고 중간에 입을 벌리고 있는 구멍이 있는데, 맑은 바람이 항상 불어 나온다. 굴 입구에 옛날에 두 개의 판이 있었는데, 전설에 따르면 최치원이 앉아서 바둑을 두던 판으로, 굴 속에 있어 비를 피할 수 있었기에 1000년 동안 썩지 않았다고 한다.

□ 산성(山城)

축융봉 아래에 있다. 고려 공민왕이 홍건적을 피해 안동에 머물 때 이곳에 성을 쌓았다고 한다.

□ 학소암(鶴巢巖)

학소대(鶴巢臺)로도 불린다. 암벽이 깎아지른 듯 서 있고, 중층의 벼랑이 오목한 곳에 흰 옷에 검은 치마를 입은 듯한 무늬의 새가 때때로 둥지를 튼다. 그래서 학소암으로 불렸다. 두 곳이다. 청량산 도립공원 입구 오른쪽 낙동강변 암벽을 지칭하기도 하고, 농암종택 애일당 아래쪽 절벽을 가리키기도 한다.

□ 고산(孤山)

축융봉 아래 낙동강 가에 있다. 금란수가 정자를 지었는데, 절경이다. 앞에 작은 석봉이 우뚝 솟아 있는데 고산으로 이름 붙여졌다.

□ 월명담(月明潭)

고산정 아래에 있다. 낙동강이 청량산 동구 밖을 빙 둘러 흐르다가 고산에 이르러 소(沼)를 이루는데, 깊고 검어서 헤아릴 수가 없다. 못가에 기우제를 지내는 제단이 있었다고 전해진다.

□ 단사(丹砂)

월명담 아래 강가에 있다. 중간에는 작은 들판이 펼쳐져 있고, 앞쪽의 푸른 절벽은 병풍을 펼쳐 놓은 듯하다. 기이한 바위가 솟아 있고 맑은 모래 언덕이 펼쳐져 있다.

□ 갈선대(葛仙臺)

단사 남쪽이다. 강을 바라보는 푸른 벼랑 위에 두 개의 대가 있는
데, 하나는 '갈선', 하나는 '고세'이다.

셋. 청량사

대한불교 조계종 제16교구 본사인 의성 고운사의 말사이다. 청량
산에는 한때 33개 사찰과 암자가 있었다고 전해진다. 현재는 청량
사 1곳만 남아 있다. 주지 지현 스님이 고증을 토대로 옛 모습을 복
원하는 데 공을 들이고 있다.

청량사 일주문. 청량사는 일주문보다 입석 쪽에서 오르는 것이 더 운치 있다.

□ 유리보전(琉璃寶殿)

경상북도 유형문화재 제47호로 지정되어 있다. 이 건물은 본래 원효대사가 신라 문무왕 3년(663)에 처음 건립하였다고 전해진다. 의상대사가 창건했다는 설도 구전으로 전해진다. 지금의 건물은 건축 양식으로 보아 조선 후기에 세워진 것으로 보고 있다. 연화봉을 옆에 두고 남향으로 배치되어 있다. 예전에는 연대사(蓮臺寺)의 부속건물 중 하나였을 것으로 추정된다. 연대사는 청량산의 크고 작은 암자 27곳을 거느렸던 비교적 큰 가람이었다. 연대사는 오래되고 무너져 1755년 산 입구로 옮겨지고 그 터에 불전 하나가 홀로 남아 있었다는 기록이 전한다. 연대사는 이후 폐사되어 터만 남고 청량사는 유리보전을 중심 전각으로 탈바꿈한 것으로 짐작된다. 불단에 삼존의 좌불이 봉안되어 있다. 유리보전 현판 글씨는 공민왕의 친필로 전해지지만 고증이 필요하다.

□ 삼존불상

유리보전에는 삼존불이 모셔져 있다. 가운데가 약사여래좌상이며 왼쪽이 지장보살상, 오른쪽이 문수보살상이다. 약사여래불은 중생의 병을 치료하고 수명을 연장해 주는 부처이다. 이 약사불이 있는 전각을 유리보전이라 한다. 청량사 유리보전 약사불은 종이를 녹여 만든 지불(紙佛)이다.

지장보살은 스님의 모습을 한 채 한 손에는 육환장(六環杖)을 잡고 한 손에는 보주를 들고 왼쪽 다리를 의자 밑으로 내린 반가부좌를

청량사 유리보전에 모셔진 삼존불상. 가운데 약사여래불은 종이를 녹여 만들어졌다.

한 독특한 모습이다. 보물 1666호로 지정돼 있으며 나무로 만들어져 있다. 복장(腹藏)에서 나온 원문(願文)에 따르면 승려 혜묵이 정축년(1577년 또는 1637년)에 시작해 무인년(1578년 또는 1637년)에 불상을 완성한 것으로 기록되어 있다. 지장보살은 주로 지옥의 중생을 구제하는 역할이다. 이 불상은 주로 지장전이나 명부전에 봉안되는데 사찰이 허물어지면서 약사불의 협시보살이 된 듯하다.

문수보살은 석가모니 왼쪽에서 보좌하는 보살로 부처의 지혜를 상징한다.

□ 산신각

산신 신앙은 우리나라 특유의 산악 숭배 신앙과 관련이 있다. 산신은 가람을 지키고 산속 생활의 평온을 빌어 준다. 산신각은 불교 본연의 공간이 아니어서 각(閣)이라는 명칭을 붙이고 있다. 산신각 안에는 칠성 탱화와 산신 탱화가 봉안되어 있다.

□ 5층 석탑

청량사 5층 석탑은 1992년에 세워진 스무 살이 갓 넘은 청년 탑이다. 그래도 부처님 진신사리 5과가 모셔져 있다. 유리보전 앞 연대 자리에 서 있다. 유리보전을 내려와 5층 석탑을 바라보면 탑 뒤로 보이는 청량산 풍경이 가슴 속 응어리를 단번에 날려 준다.

□ 범종루

1998년에 준공됐다. 산사의 정적을 깨는 범종은 무게가 1500관이며, 법고는 다섯 자 길이다. 목어와 운판도 있다. 새벽 예불과 사시 공양, 저녁 예불을 드릴 때 주로 사용된다. 사물을 치는 순서는 법고 · 운판 · 목어 · 범종 순이다. 범종은 지옥의 중생을 향하며, 법고는 축생의 무리를 구제한다. 또 운판은 날짐승을 제도하며, 목어는 수중의 물고기를 향해 불음을 보내 구제한다는 상징성을 지니고 있다.

□안심당(安心堂)

1998년에 지은 건물로 차를 마시는 대중 포교의 공간이다. '바람이 소리를 만나면'이란 간판이 붙어 있는 이 찻집은 누구나 쉬어갈 수 있는 쉼터이다.

□응진전(應眞殿)

유리보전과 뚝 떨어져 금탑봉 중간 절벽에 홀로 서 있다. 현재 청량산에 남은 가장 오래 된 건물이다. 안에는 석가삼존상과 16나한이 모셔져 있다. 출입문 양옆으로 16나한에 더해 노국공주와 공민왕으로 보이는 상이 앉아 있다. 법당 앞에 건너편 축융봉을 조망할 수 있는 전망대인 경유대(景遊臺)가 있다. 주세붕이 자신의 자(字)를 따서 붙인 이름이다.

청량산에서 가장 아름다운 건물인 응진전.

넷. 청량정사

1832년(순조32) 사림이 퇴계 이황 선생이 남긴 뜻을 받들어 창건했다. 이후 이곳은 퇴계 선생을 기리는 후학의 학문 탐구와 정신수양의 중심지가 되었다. 1896년에는 청량의진이 조직되어 의병 투쟁의 근거지가 되기도 했다. 현재 건물은 1896년 일본군의 방화로 소실된 것을 1901년에 중건한 것이다. 경북 문화재자료 제244호로 지정돼 있다.

□최치원 유적

풍혈대 바위 굴 속에 오래 전 두 개의 판이 있었다. 최치원이 앉아서 바둑을 두던 판이 굴 속에 있는데 비를 피하여 1000년 동안 썩지 않았다는 이야기가 전해진다. 주세붕은 『유청량산록』에 '치원대·치원암의 유적이 하루 아침에 있었던 일처럼 명백히 남아 있으니, 어찌 믿지 않을 수 있겠는가'라고 적었다.

□김생 필적

이세택은 『청량지』에 "연대사에 김생이 금은자로 불경 40여 권을 베껴 쓴 필적이 있는데, 지금까지도 불전에 보관되어 있다"고 적고 있다. 적어도 조선시대 후기까지 김생의 필적이 전했던 것으로 추정된다. 주세붕은 『유청량산록』에 "김생이 글씨를 여기에서 배웠음을 알 수 있다. 필획이 정밀하고 입신의 경지에 들었으니, 산의 가파른 모습이 글씨에 이입되었다"고 하였다.

□ 궁궐터

이세택은 『청량지』에 "궁궐터가 산성 속에 있다. 공민왕이 쌓은 것인데, 지금껏 섬돌 계단 터가 여러 층 쌓여 있어 기록할 만하다. 산골 백성이 그 안을 밭으로 일구다가 혹 금비녀 · 청동솥 · 창검 따위를 줍기도 하는데, 모두 공민왕 때의 옛 물건이라고 한다"는 내용을 적었다.

□ 삼각우총

청량사 유리보전 앞에 있다. 쌓인 돌이 작은 언덕이 되었다. 삼각우총에는 '원효가 다녀간, 그 길 위에 서다'란 안내판이 세워져 있고 '뿔 셋 달린 소와 원효대사'라는 설화를 소개하고 있다.

> 원효대사가 의상대사와 함께 처음 절을 지으려고 힘을 쏟고 있을 때 하루는 산 아래 마을로 내려가게 되었다. 논길을 따라 내려가다가 논에서 일하는 농부를 만났는데 소로 논을 갈고 있었다. 자세히 보니 소의 뿔은 놀랍게도 셋이 달려 있었다. 하지만 이 뿔 셋 달린 소는 도대체 무슨 영문인지 농부의 말이라곤 듣지 않고 제멋대로 날뛰고 있었다. 이 때 원효대사가 농부에게 다가가 이 소를 절에 시주하는 게 어떻겠느냐고 권유하니 농부는 기꺼이 뿔 셋 달린 소를 절에 시주하겠다고 했다. 원효대사는 농부로부터 소를 건네받아 절로 돌아왔는데 조금 전까지만 해도 제멋대로 날뛰던 소가 신기하게도 절에 온 이후로 고분고분 말을 잘 듣

청량사 삼각우 소나무. 여기서 5층석탑 쪽으로 펼쳐지는 경관은 단연 청량산의 압권이다.

는 것이었다. 소는 절을 짓는데 필요한 재목이며 여러 물건을 밤
낮없이 실어 날랐다. 그런데 무슨 조화인지 이 소가 절이 준공되
는 날을 하루 남겨 놓고 갑자기 쓰러지더니 그 길로 죽어 버렸다.
이 소는 지장보살의 화신이었던 것이다. 대사는 소를 절 바로 아
래에 묻었다. 그곳에서 가지가 셋인 소나무가 자라나 후세 사람
들이 이 소나무를 삼각우 소나무, 이 소의 무덤을 삼각우총으로
부르게 되었다고 전해진다.

지금도 그 자리에 늠름한 소나무 한 그루가 서 있다.

□ 고종(古鍾)

1764년 건륭 갑신(영조40)에 승려가 총명수 위 암석 속에서 작은
종을 얻었다. 옆면에 '水山致遠庵(수산치원암)' 다섯 자를 새겼다.
이세택은 『청량지』에 "그 솜씨가 세밀하고 오묘하며 소리 또한 맑
고 오래가지만, 어느 시대 물건인지 알지 못한다"고 적었다.

여섯. 청량산박물관

청량산 입구인 집단시설지구 부지에 자리잡고 있다. 청량산 관리
사무소의 안쪽이다. 박물관은 2004년 6월 개관했다. 산을 주제로
설립된 전국 최초의 박물관이다. 박물관이 하나의 산을 주제로 만
들어졌다는 것은 청량산이 그만큼 보통 산과는 다른 역사와 문화

선비들의 청량산 유산기 등 청량산 관련 자료가 망라된 청량산박물관.

가 있다는 것을 암시한다. 실제로 청량산은 자료가 풍부하다. 산의 역사를 담은 산지(山誌)가 세 권이나 편찬되었다. 또 청량산을 유람한 사람들은 수많은 유산기를 남겼다. 기행문만 100편이 넘고 시는 수만 편에 이른다. 이들 자료가 전시돼 있다. 서성 김생과 관련한 자료와 불교 관련 자료, 설화 등이 진열장을 가득 채우고 있다. 1층은 봉화군의 역사를 비롯해 봉화의 인물, 전통마을, 누각과 정자, 민속, 향토음식 등을 한눈에 파악할 수 있다. 2층은 청량산을 찬미한 시와 기행문, 불교 관련자료, 김생과 공민왕 관련자료, 청량산의 지질구조와 청량산에 서식하고 있는 각종 동ㆍ식물, 곤충, 민물고기 등 청량산을 주제로 한 다양한 유물이 전시돼 있다. 3층은 전망대로 전면에 청량산이 펼쳐지며, 계절별로 청량산의 비경을 조망할 수 있다.

| 참 | 고 | 문 | 헌 |

〈경북 명산과 문화유산 체험〉 장은재 동아문화사 1998

〈고려 공민왕과 임시수도 안동〉 배영동 임재해 한양명 홍영의 안동시 · 안동 대학교민속학연구소 2004

〈구곡을 노래하다/향토와 문화 68〉 대구은행 2013

〈광야에서 부르리라〉 손병희 엮음 이육사문학관 2004

〈국역 봉화의 읍지〉 청량산박물관 엮어옮김 청량산박물관 2014

〈국역 영가지 선성지〉 안동문화원 2011

〈국역 오가산지〉 청량산박물관 엮어 옮김 청량산박물관 2012

〈김대원의 실경산수화〉 한벽원 월전미술문화재단 2014

〈다정불심 1,2〉 박종화 자유문학사 2005

〈대구경북 고려역사 문화도감/향토와 문화 63〉 대구은행 2012

〈리더십의 멘토 33+1인〉 21세기 청소년 롤모델 100인 시리즈 3 대구경북연 구원 2014

〈불멸을 찾아서/향토와 문화 10〉 대구은행 1998

〈사람의 산 우리 산의 인문학〉 최원석 지음 한길사 2014

〈성(城)/향토와 문화 6〉 대구은행 1997

〈순절지사 이중언〉 김희곤 외 경인문화사 2006

〈시사월간 윈 199507〉 중앙일보사/난세의 철인 의상

〈옛 선비들의 청량산유람록 1〉 청량산박물관 엮어옮김 청량산박물관 2006

〈옛 선비들의 청량산유람록 2〉 청량산박물관 엮어옮김 청량산박물관 2009

〈옛 선비들의 청량산유람록 3〉 청량산박물관 엮어옮김 청량산박물관 2012

〈이육사 추모시집〉 이육사문학관 2004

〈청량〉 창간호 청량산문화연구회 2005

      청량2호 2006

      청량3호 2007

〈청량산 역사문화 탐방〉 청량산박물관 엮음 청량산도립공원관리사무소 2011

〈청량산 역사문화 탐방〉 청량산박물관 엮음 청량산도립공원관리사무소 2012

〈청량산 청량사〉 김태환 프롤로그 2005

〈청량지〉 청량산박물관 연구총서4 국역청량지 2012

〈퇴계시 풀이 1〉 이황 지음 이장우 · 장세후 옮김 영남대학교출판부 2007

〈퇴계평전(退溪評傳)〉 정순목 지식산업사 1993

〈퇴계학파와 청량산〉 이종묵 정신문화연구 2001 겨울호 제24권 제4호(통권
85호)

〈학자의 고향〉 KBS 학자의고향 제작팀 저 서교출판사 2014